myBook+

Ein neues Leseerlebnis

Lesen Sie Ihr Buch online im Browser – geräteunabhängig und ohne Download!

Und so einfach geht's:

- Gehen Sie auf **https://mybookplus.de**, registrieren Sie sich und geben Ihren Buchcode ein, um zu Ihrem Buch zu gelangen
- **Ihren individuellen Buchcode finden Sie am Buchende**

Wir wünschen Ihnen viel Spaß mit myBook+ !

https://mybookplus.de

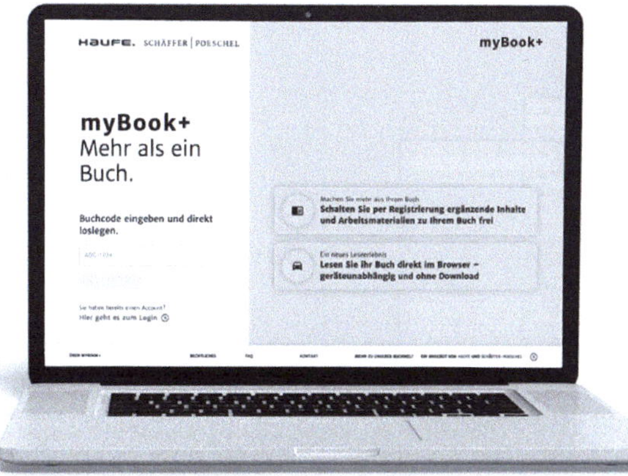

Führung = Beziehung

Texte
Sabine Pelzmann
Ingo Winkler

Illustrationen
Tomislav Bobinec

Führung = Beziehung

44 kompakte Führungsinspirationen in Wort und Bild

1. Auflage

Schäffer-Poeschel Verlag Stuttgart

Bibliografische Information der Deutschen Nationalbibliothek
Die Deutsche Nationalbibliothek verzeichnet diese Publikation in der Deutschen Nationalbibliografie; detaillierte bibliografische Daten sind im Internet über http://dnb.dnb.de/ abrufbar.

Print: ISBN 978-3-7910-6048-4 Bestell-Nr. 10990-0001
ePub: ISBN 978-3-7910-6049-1 Bestell-Nr. 10990-0100
ePDF: ISBN 978-3-7910-6050-7 Bestell-Nr. 10990-0150

Sabine Pelzmann
Ingo Winkler
Tomislav Bobinec
Führung = Beziehung
1. Auflage, Februar 2024

www.schaeffer-poeschel.de
service@schaeffer-poeschel.de

Produktmanagement: Dr. Frank Baumgärtner

Schäffer-Poeschel Verlag Stuttgart
Ein Unternehmen der Haufe Group SE

Inhaltsverzeichnis

Einleitung

Im Sommer 2021 trafen wir uns, Sabine Pelzmann und Ingo Winkler, für eine Woche in Graz, um gemeinsam über Personalführung zu reflektieren. Dieses Treffen in Graz bildete den Ausgangspunkt für das Buch, das Ihnen, liebe Leserinnen und Leser, nun vorliegt.

Als Unternehmensberaterin und Organisationswissenschaftler teilen wir eine Leidenschaft für praktische Aspekte und theoretische Konzepte der Personalführung. Dabei sehen wir das vorherrschende Verständnis von Führung durchaus kritisch.

Führung ist wichtig und für nahezu jede Organisation ein zentraler Aspekt ihrer Leistungsfähigkeit. Allerdings beobachten wir sowohl in der Wissenschaft als auch in der Praxis, dass Führung häufig mit dem Vorhandensein formaler Führungspositionen sowie den Eigenschaften und Verhaltensweisen von Führungskräften gleichgesetzt wird. Dies ist auch der Grund, warum es eine Fülle von wissenschaftlicher und praktischer Führungsliteratur gibt, die sich auf die Führungskraft konzentriert. Darüber hinaus betrachten Organisationen in der Regel auch ihre Führungskräfte als zentralen Faktor für den Erfolg. Und nicht zuletzt nehmen auch die Führungskräfte sich selbst meist (zu) wichtig.

In diesem Buch verfolgen wir ein etwas anderes Verständnis von Führung, nämlich Führung als Beziehung. Dieser Aspekt wird unserer Meinung nach sowohl in der Führungspraxis als auch in der Führungsliteratur vernachlässigt. Wir argumentieren, dass sich Führung in der Führungsbeziehung zwischen beispielsweise einer Führungskraft und den Mitarbeitenden manifestiert. Das bedeutet zum einen, dass nicht nur die Führungskraft für Führung relevant ist, sondern alle an der Führungsbeziehung Beteiligten. Zum anderen, und damit im Zusammenhang, ist es die gemeinsam gestaltete Beziehung, die den Führungsalltag und die Führungsrealität der Führungskraft und der Mitarbeiterinnen und Mitarbeiter ausmacht.

Wir laden Sie, liebe Leserinnen und Leser, dazu ein, gemeinsam mit uns die vielfältigen Facetten der Führungsbeziehung zu erkunden. Dazu haben wir in diesem Buch kompakte Impulse für Führungskräfte zusammengestellt. Wir sprechen insbesondere diejenigen Führungskräfte an, die daran interessiert sind, sich von einer personenzentrierten Betrachtung der Personalführung zu lösen. Wir präsentieren unsere Impulse in Form von kurzen Texten, die prägnant einen konkreten Aspekt der Führungsbeziehung adressieren. Die Botschaft der Texte wird von Grafiken unterstützt, die von Tomislav Bobinec erstellt wurden.

Sowohl die Kurztexte als auch die Grafiken möchten Sie als Lesende einladen, über eine bestimmte Facette der Führungsbeziehung nachzudenken und Ihr eigenes Führungsverhalten zu reflektieren. Um dies zu unterstützen, haben wir in dieses Buch auch kurze Gesprächsintermezzi eingebaut, einerseits, um Ihnen einen Eindruck unseres Grazer Sommerdialogs zu geben, und andererseits, um auch Sie einzuladen, in den Dialog zu Fragen der Führung und des unternehmerischen Wandels zu gehen.

Das Buch muss nicht von vorne bis hinten durchgelesen werden. Vielmehr empfehlen wir Ihnen, sich je nach Interesse und Stimmung einen bestimmten Aspekt herauszugreifen, sich Zeit zu nehmen, darüber nachzudenken und zu eigenen Erkenntnissen und Einsichten zu gelangen, die möglicherweise Ihr zukünftiges Führungshandeln beeinflussen.

Dieses Buch richtet sich an Führungskräfte und alle Menschen, die sich mit Führung beschäftigen. Es versteht sich als Aufruf, Führung als Beziehung zu verstehen und als Führungskraft gemeinsam mit anderen Organisationsmitgliedern (insbesondere den Geführten) an dieser Beziehung sowie an der Beziehungsfähigkeit des gesamten Organisationssystems zu arbeiten. Das Buch greift auf Konzepte der transformativen Führung, auf das Resonanzverständnis von Hartmut Rosa und Wolfgang Endres sowie auf unsere praktischen Erfahrungen als Unternehmensberaterin und Organisationswissenschaftler zurück.

Wir wünschen Ihnen
viel Spaß beim Lesen!

Sabine Pelzmann, Ingo Winkler,
Tomislav Bobinec

Führung ist ein gemeinsamer Prozess

1. Führung ist ungleich Führungskraft

Sowohl im praktischen als auch im theoretischen Zugang zu Führung wird diese häufig mit der Führungsperson selbst gleichgesetzt. Wenn von Führung die Rede ist, dann wird von Eigenschaften und Verhaltensweisen von Führungskräften gesprochen.

Es werden verschiedene Führungskräftetypen und deren Führungsstile identifiziert und Führungstrainings werden in der Regel für zukünftige oder aktuelle Führungskräfte angeboten. Was hierbei leider vollkommen vergessen wird, sind die Geführten.

Es sind immer mehrere Personen an Führung beteiligt und in diesem Sinne sollte Führung eigentlich als Interaktionsbeziehung verstanden werden. Dies bedeutet, dass auch die Mitarbeitenden eine aktive Rolle innerhalb der Führungsbeziehung haben. Manche Führungsansätze gehen sogar davon aus, dass es letztendlich die Geführten sind, die darüber entscheiden, ob eine Person als Führungsperson wahrgenommen und akzeptiert wird. Wenn dem so ist, dann sollten eigentlich auch Trainings für Geführte angeboten werden, welche zum Beispiel die Kompetenzen fördern, sich unterstützend der Führungskraft gegenüber zu verhalten.

Um die Komplexität von Führung zu adäquat zu adressieren, ist der alleinige Fokus auf die Führungskraft also zu wenig.

FÜHRUNG IST EIN GEMEINSAMER PROZESS

Führungskräfte sind in hohem Maße von den Geführten abhängig, was sich direkt auf ihren Erfolg auswirkt. Eine Führungskraft muss von ihren Geführten anerkannt werden, um Legitimation zu haben und Autorität ausüben zu können. Ohne diese Anerkennung sind die Möglichkeiten einer Person, andere zu beeinflussen, sehr begrenzt oder sogar nicht existent, auch wenn sie formal eine Führungsposition innehat.

Letztendlich sind es die Geführten, die einer Person Führung zusprechen und bereit sind, sich von ihr beeinflussen zu lassen. Führungskräfte sollten daher darauf achten, diese Anerkennung zu erlangen und aufrechtzuerhalten, indem sie in die Führungsbeziehung und somit in ihre Geführten investieren.

2. Es ist wichtig, dass sich Führungskräfte ihrer Abhängigkeit von den Geführten bewusst sind

3. Führung ist Beziehung, keine Position oder Rolle

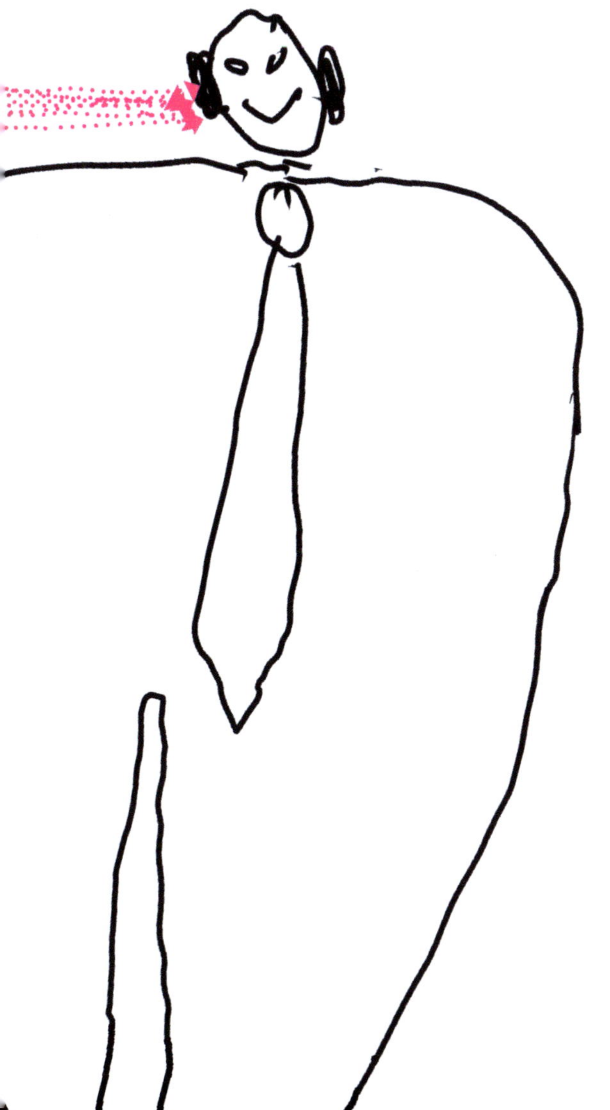

Für Führende ist zunächst ihre Führungsposition in der Organisation und die damit verbundene Rolle als Führungskraft von Bedeutung. Allerdings sind weder die Position noch die Rolle mit Führung gleichzusetzen.

Führung entsteht aus der Beziehung zwischen Führungskraft und Geführten und daraus, wie beide Parteien die Beziehung gestalten. Es ist also nicht allein die Führungskraft, die führt und die Geführten, die geführt werden. Vielmehr gestalten beide Parteien die Führungsbeziehung und somit auch, wer in welcher Situation führt, und wer geführt wird.

In diesem Sinne ist Führung keine Eigenschaft der Person der Führungskraft, sondern eine spezifische Eigenschaft der Beziehung zwischen der Führungsperson und den Geführten.

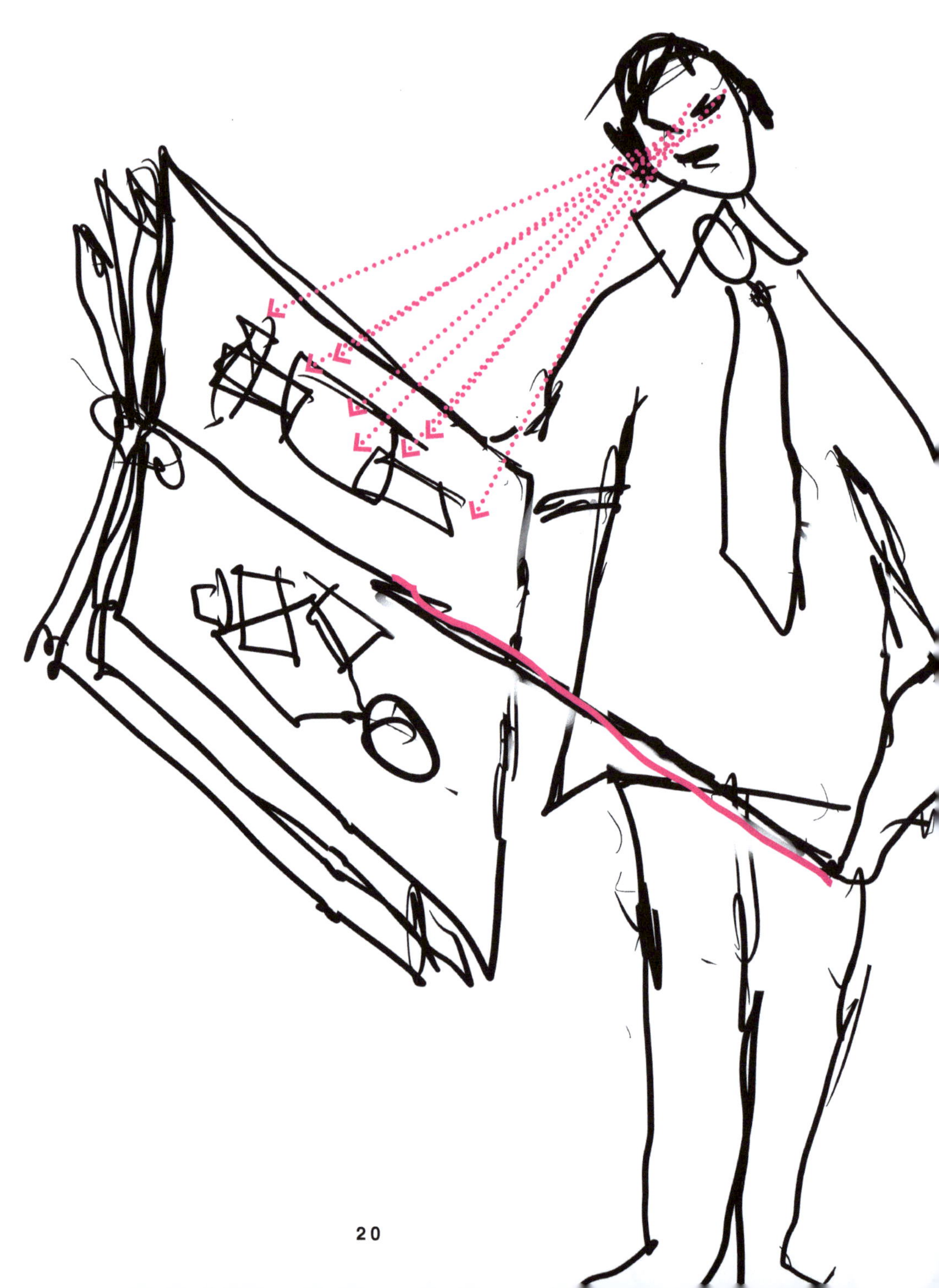

4. Führungskräfte glauben, dass Gestaltungsautorität an die formale Autorität gekoppelt ist. Aber dem ist nicht so.

Formale Führungspositionen bieten nur begrenzte Möglichkeiten, Einfluss auszuüben und somit Gestaltungsautorität zu haben. Das liegt zum einen daran, wie Personen in eine solche Position gelangen. Meist werden Führungskräfte ernannt, ohne dass die Geführten ein Mitspracherecht haben. Diese ernannten Führungspersonen genießen in der Regel einen geringeren Legitimitätsbonus und weniger Anerkennung als Führungskräfte, die von den Geführten selbst gewählt werden. Daher ist auch ihre Gestaltungsautorität in der Regel geringer.

Zum anderen gibt es neben formalen Führungspositionen auch informelle Führungsrollen. Das sind Personen, denen Führung zugeschrieben wird, obwohl sie offiziell keine Führungsposition haben. In manchen Fällen vertrauen die Geführten informellen Führungspersonen mehr als formellen. Das kann die Gestaltungsautorität einer formalen Position erheblich einschränken.

5. Führungsrealität ergibt sich aus der Interaktion zwischen Führungskraft und Geführten

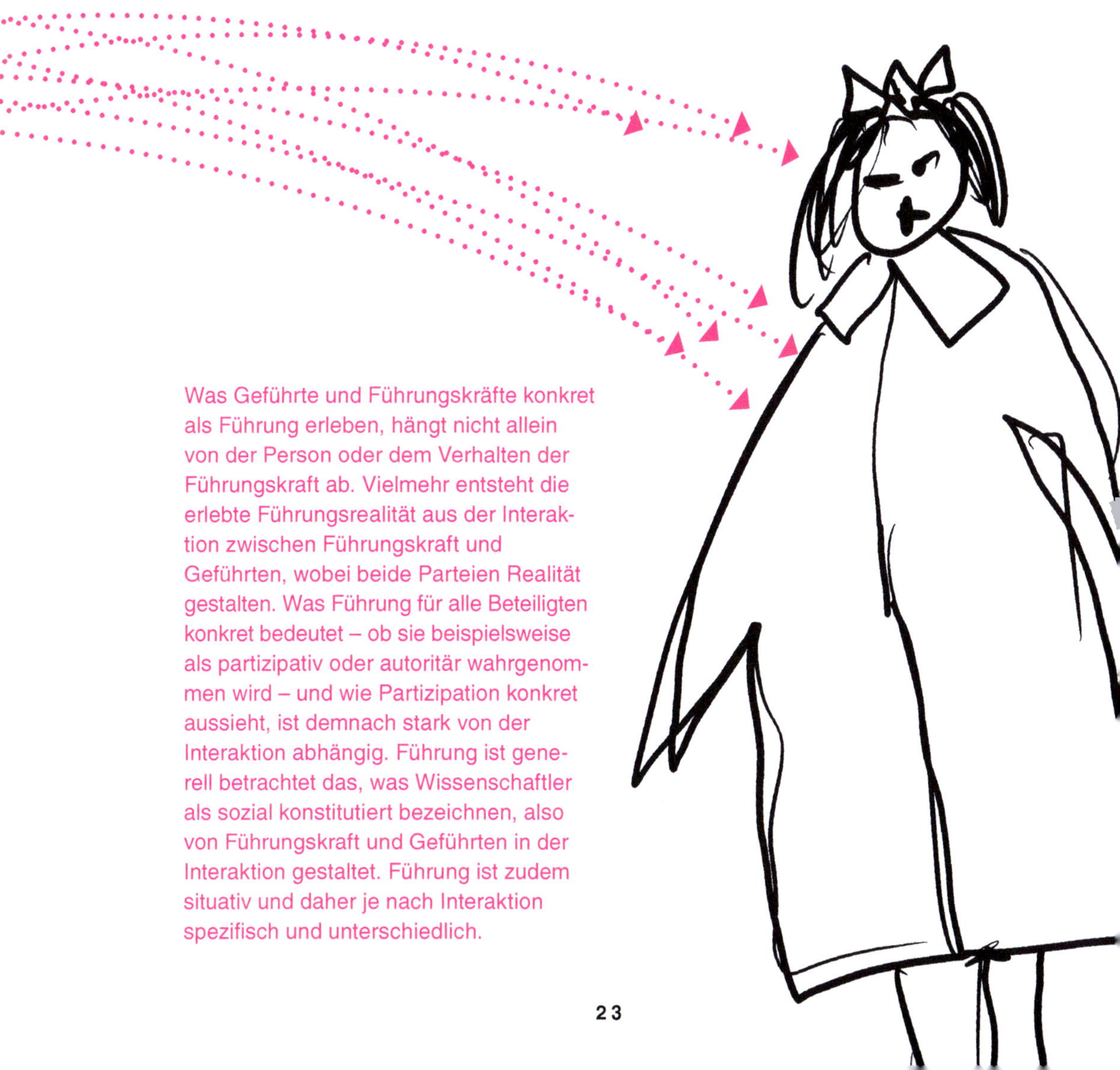

Was Geführte und Führungskräfte konkret als Führung erleben, hängt nicht allein von der Person oder dem Verhalten der Führungskraft ab. Vielmehr entsteht die erlebte Führungsrealität aus der Interaktion zwischen Führungskraft und Geführten, wobei beide Parteien Realität gestalten. Was Führung für alle Beteiligten konkret bedeutet – ob sie beispielsweise als partizipativ oder autoritär wahrgenommen wird – und wie Partizipation konkret aussieht, ist demnach stark von der Interaktion abhängig. Führung ist generell betrachtet das, was Wissenschaftler als sozial konstitutiert bezeichnen, also von Führungskraft und Geführten in der Interaktion gestaltet. Führung ist zudem situativ und daher je nach Interaktion spezifisch und unterschiedlich.

6. Haben Sie schon einmal über Führungs-trainings für Mitarbeitende nachgedacht?

Führungskräftetrainings kennen Sie sicherlich, und eventuell haben Sie auch schon an einigen teilgenommen. Aber haben Sie schon einmal von speziellen Trainings für Geführte gehört?

Da wir in Organisationen so sehr darauf bedacht sind, die Rolle von Führungskräften zu betonen, liegt es nahe, alle Kraft und Aufmerksamkeit auf diese zu legen und sie entsprechend zu schulen und zu trainieren. Wenn wir jedoch ehrlich sind, befinden wir uns die meiste Zeit in der sogenannten Geführtenrolle, wie es Robert Kelly bereits 1988 in einem Beitrag im Harvard Business Review ausdrückte. Auch wenn wir eine Führungsposition innehaben, haben wir oft selbst Vorgesetzte. In jedem Komitee oder Gremium sind wir oft diejenigen, die Mitglieder und nicht Vorsitzende sind. Daher ist es durchaus plausibel, auch über Trainings für Mitarbeitende nachzudenken, in denen quasi Geführtenkompetenzen vermittelt werden. Zu diesen Kompetenzen gehören unter anderem die Fähigkeit, selbstständig und kritisch zu denken, sowie Eigeninitiative zu zeigen. All dies dient nicht dazu, der Führungskraft Konkurrenz zu machen, sondern vielmehr dazu, die Geführten zu befähigen, einen aktiven Part innerhalb der Führungsbeziehung zu übernehmen.

R. Kelley (1988): In Praise of Followers. Harvard Business Review, online verfügbar: https://hbr.org/1988/11/in-praise-of-followers

7. Die Person der Führungskraft steht immer im Fokus

Dies ist durchaus verständlich, da Führung häufig mit dem Handeln der Führungskraft gleichgesetzt wird. Für Führungskräfte kann eine solche Sichtweise jedoch unangenehme Konsequenzen haben, insbesondere wenn sie für Misserfolge verantwortlich gemacht werden, obwohl es eigentlich die Umstände waren, die zum konkreten Misserfolg geführt haben.

Aber auch umgekehrt können Führungskräfte für Erfolge verantwortlich gemacht werden, selbst wenn sie im konkreten Fall vielleicht lediglich Glück hatten. Jetzt wird jedoch von ihnen erwartet, den Erfolg zu reproduzieren.

Die sogenannte Romantisierung der Führungskraft hat also ambivalente Seiten, und nicht immer ist es angenehm, permanent im Fokus zu stehen.

8. Gemeinsame Verantwortung in beziehungsorientierter Führung

Wenn Führung in Beziehungsdimensionen gedacht wird, muss zwangsläufig auch die Führungsverantwortung so verstanden werden. Beziehungsbasierte Führung legt Wert auf die Entwicklung von beziehungsorientierten Praktiken sowie ethischen Standards im Umgang miteinander und der Verantwortung gegenüber anderen.

Dabei liegen zwei Fragestellungen zugrunde. Zum einen geht es darum, dialogische Praktiken zu entwickeln. Zum anderen liegt der Fokus auf der Entwicklung von Organisationen, in denen die Mitglieder einander respektieren und füreinander sorgen.

Beide Aspekte, also Beziehungspraktiken und ethische Praktiken, bilden das Fundament für beziehungsorientierte Führung.

9. Führung soll empowern. Was aber, wenn die Mitarbeiter nicht empowert werden wollen?

Gute Führung soll die Mitarbeiterinnen und Mitarbeiter empowern, indem sie ihnen einen größeren Entscheidungsspielraum einräumt. Wir wissen jedoch, dass es Führungskräften nicht immer leichtfällt, Macht abzugeben. Es kommt jedoch auch vor, dass Mitarbeitende es ablehnen, empowert zu werden. Auf den ersten Blick mag dies wenig logisch klingen, da Empowerment mit einer Reihe positiver Effekte für die Mitarbeitenden verbunden ist, wie beispielsweise mehr Autonomie und Selbstbestimmung.

Allerdings bedeutet Empowerment auch, dass bestimmte Führungsaufgaben auf die Mitarbeitenden übertragen werden, wenn ihnen beispielsweise ein gewisser Grad an Entscheidungsfreiheit eingeräumt wird. Im Zusammenhang damit wird jedoch auch ein gewisser Anteil an Führungsarbeit und -verantwortung auf die Mitarbeitenden übertragen, manchmal ohne angemessene Vergütung dafür. Dies kann bei den Mitarbeiterinnen und Mitarbeitern zu Widerstand gegenüber Empowerment führen.

10. Wann sind Geführte effektiv?

Einige Führungskräfte werden spontan antworten, dass Geführte dann effektiv sind, wenn sie sich aktiv einbringen, selbstständig mitdenken, Probleme lösen und Verantwortung übernehmen. Allerdings steht dieser Anspruch an die Geführten teilweise im Widerspruch zum Führungsalltag, in dem Geführte oft in eine passive Rolle gedrängt werden.

Führungskräfte sehen es oft als ihre Aufgabe an, Geführte zu motivieren, zu inspirieren und eventuell zu transformieren. Dies impliziert, dass den Geführten die Rolle derjenigen zugeschrieben wird, die Motivation, Inspiration und auch Transformation benötigen.

Die Frage ist dann, ob ein solches Führungsverhalten eine aktive, und damit im Idealfall eine effektive Geführtenrolle fördern kann. Die Antwort ist recht einfach: Nein.

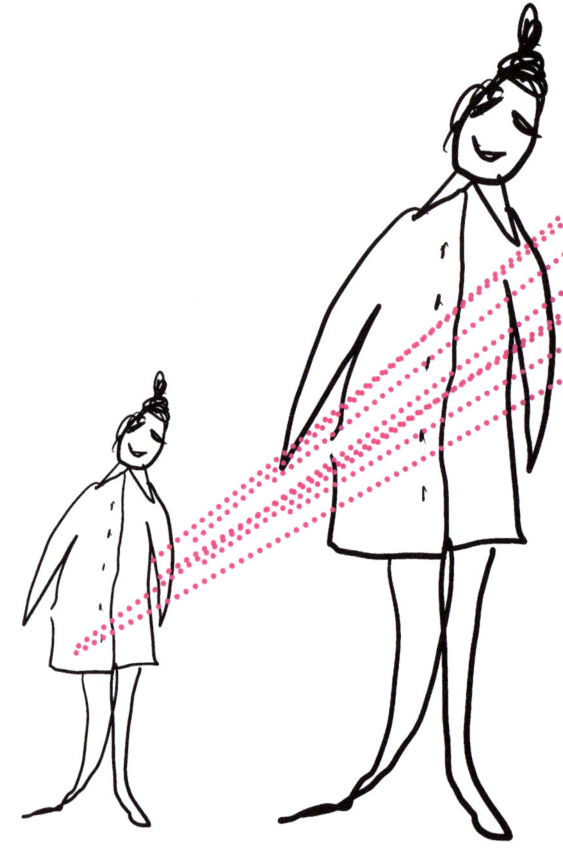

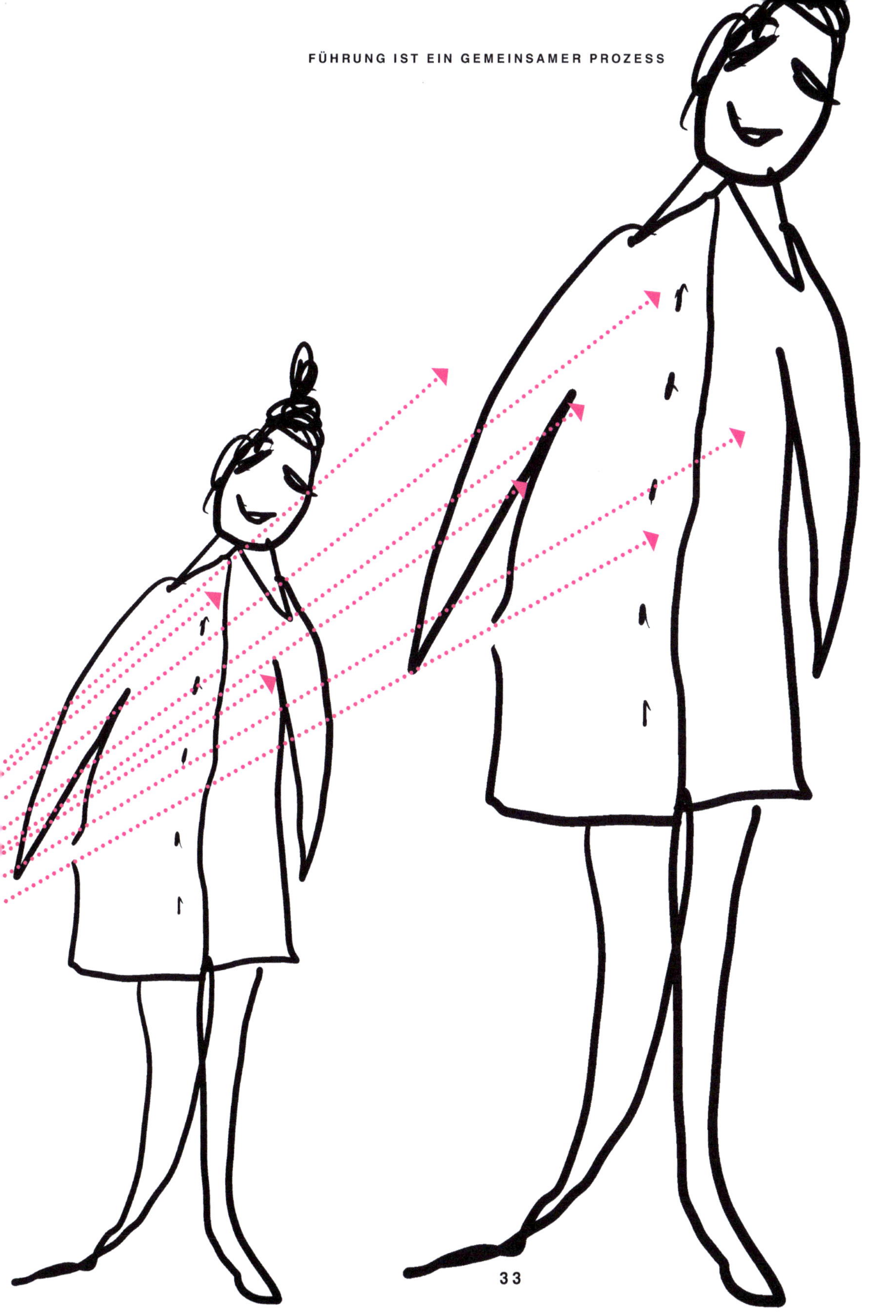

11. Die Geführten entscheiden sich selbst für die Geführtenrolle

Dies klingt zunächst wenig plausibel, da Mitarbeitende aufgrund ihrer Position innerhalb der formalen Organisationshierarchie quasi automatisch die Geführtenrolle innehaben. Dem ist jedoch nicht so. Es sind die Geführten, die einer bestimmten Person Führungskompetenz zuschreiben, da diese Person zum Beispiel wiederholt und entscheidend zum Erreichen von Organisationszielen, Gruppenzielen oder auch den Zielen der Geführten beiträgt. In diesem Sinne entscheiden die Geführten, welche Person als Führungsperson akzeptiert wird und somit die Führungsrolle innehat. Im Umkehrschluss bedeutet dies, dass die Geführten, einmal zugeschriebene Führung auch wieder entziehen können.

JA!
JA!

12. Führen oder doch lieber managen?

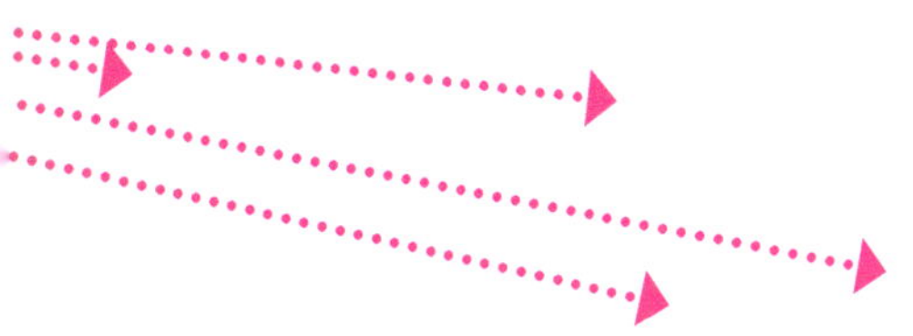

Meist wird Führungsverhalten gleichgesetzt mit Vorbildsein, Brückenbauen, Motivieren, Inspirieren, Unterstützen und den Dialog suchen. Genau genommen sind dies verschiedene Arten, Einfluss auf andere, also die Geführten, und damit Macht auszuüben. Allerdings sprechen wir hier von „Soft Power", also Macht, die sich auf die Existenz von gemeinsamen Werten und der Vorbildwirkung von Führungskräften beruft. Im Gegensatz dazu steht das Managen in Form von Anweisungen und Kontrolle; Einflussnahme, die sich auf die formale Position innerhalb einer Hierarchie und der damit verbundenen legitimen Macht beruft. Schauen wir uns beide Arten von Macht und Einflussnahme genauer an, so erscheint Führung als weniger direkt, weniger mit Zwang verbunden, aber eben auch als eher ergebnisoffen. Management hingegen erscheint als Einflussnahme, bei der die Führungskraft mehr Kontrolle über das Geschehen und auch das Ergebnis zu haben scheint. Ist es deshalb für eine Führungskraft, deren Leistung am Erreichen konkreter Ziele gemessen wird, nicht besser, zu managen?

13. Führung ergibt sich nicht nur aus den Eigenschaften der Führungsperson

Es fällt uns nicht schwer, eine herausragende Führungspersönlichkeit zu benennen, zum Beispiel Elon Musk als Unternehmer oder Bettina Orlopp als Vorständin der Commerzbank. In diesem Zusammenhang sind wir oft auch in der Lage, konkrete Eigenschaften anzuführen, die diese Personen zu Führungspersonen machen. Ganz allgemein scheint es Menschen leichtzufallen, typische oder generelle Eigenschaften für eine Führungskraft aufzulisten. Dabei setzen wir implizit Führung mit ganz bestimmten Eigenschaften der Führungskraft gleich.

In einem solchen Führungsverständnis spielen die Geführten keine oder nur eine passive Rolle, als diejenigen, denen explizite Führungseigenschaften fehlen. Zudem wird die Rolle des Kontextes vernachlässigt.

14. Gibt es den besten Führungsstil?

Welches Führungsverhalten verspricht den meisten Erfolg? Es ist sicherlich nicht falsch, einen partizipativen Führungsstil zu wählen oder sich für transformationale Führung zu entscheiden. Manche plädieren auch dafür, den Führungsstil skandinavischer Länder zu übernehmen oder einen weiblichen Führungsstil anzuwenden. Dies sind alles ernstzunehmende Vorschläge, die jedoch zwei Dinge übersehen. Erstens ist Führung mehr als der Führungsstil. Denn Führung ist das Ergebnis einer Interaktion zwischen Führungskraft und Geführten, wobei auch Letztere in vielfältiger Weise auf das Führungsgeschehen Einfluss nehmen. Zweitens folgen Führungskräfte niemals nur einem bestimmten Führungsstil, sondern passen ihr Führungsverhalten situativ an.

Wer nur einen Führungsstil im Repertoire hat, hat es in einer komplexen und sich wandelnden Organisationswelt schwer.

1

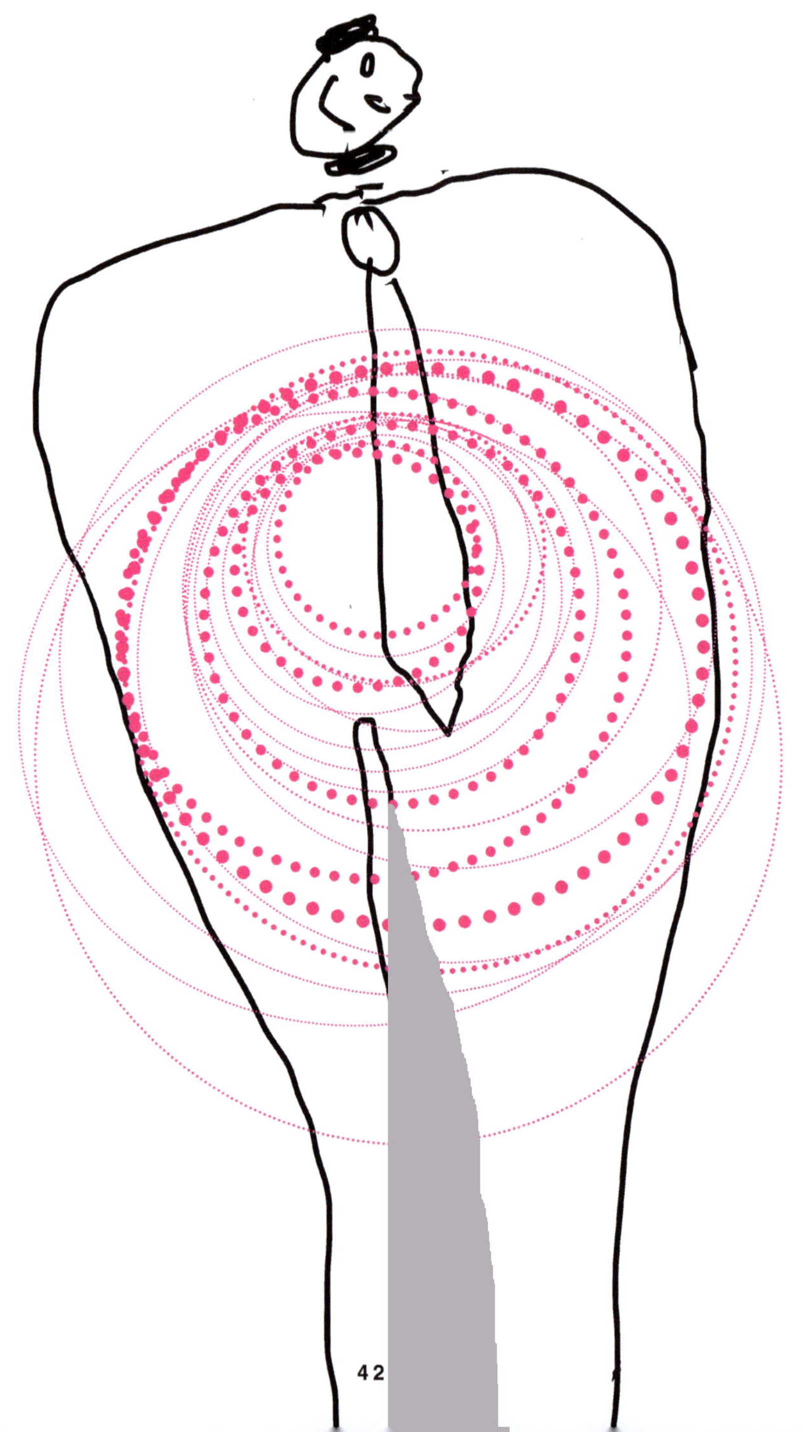

15. Das Problem mit situativer Führung

Führungskräfte müssen ihr Führungsverhalten an die konkrete Situation anpassen. In manchen Situationen ist ein eher partizipativer Führungsstil sinnvoll, während in anderen die Zügel fester in die Hand genommen werden müssen. Eine erste Frage, die sich hierbei jedoch stellt, ist, ob Führungskräfte immer in der Lage sind, objektiv die Situation zu erkennen und im Anschluss daran unvoreingenommen den korrekten Führungsstil zu wählen.

Weiterhin übersieht die Perspektive der situativen Führung, dass Führungskräfte ihren Führungsstil nicht immer frei an die jeweilige Situation anpassen können. Als Mitglieder einer Organisation sind sie in ihren Handlungsmöglichkeiten durch organisatorische Strukturen, Regeln und Normen begrenzt. Zudem existieren verschiedene Erwartungen von Vorgesetzten, Führungskräften auf derselben Hierarchieebene sowie Geführten, welche das Handeln von Führungskräften beeinflussen. Letztendlich sind auch Führungskräfte selbst nicht frei von eigenen Interessen und Vorlieben für zum Beispiel einen bestimmten Führungsstil. All diese Aspekte beeinflussen die Bereitschaft einer Führungskraft entsprechend den Notwendigkeiten der Situation zu führen.

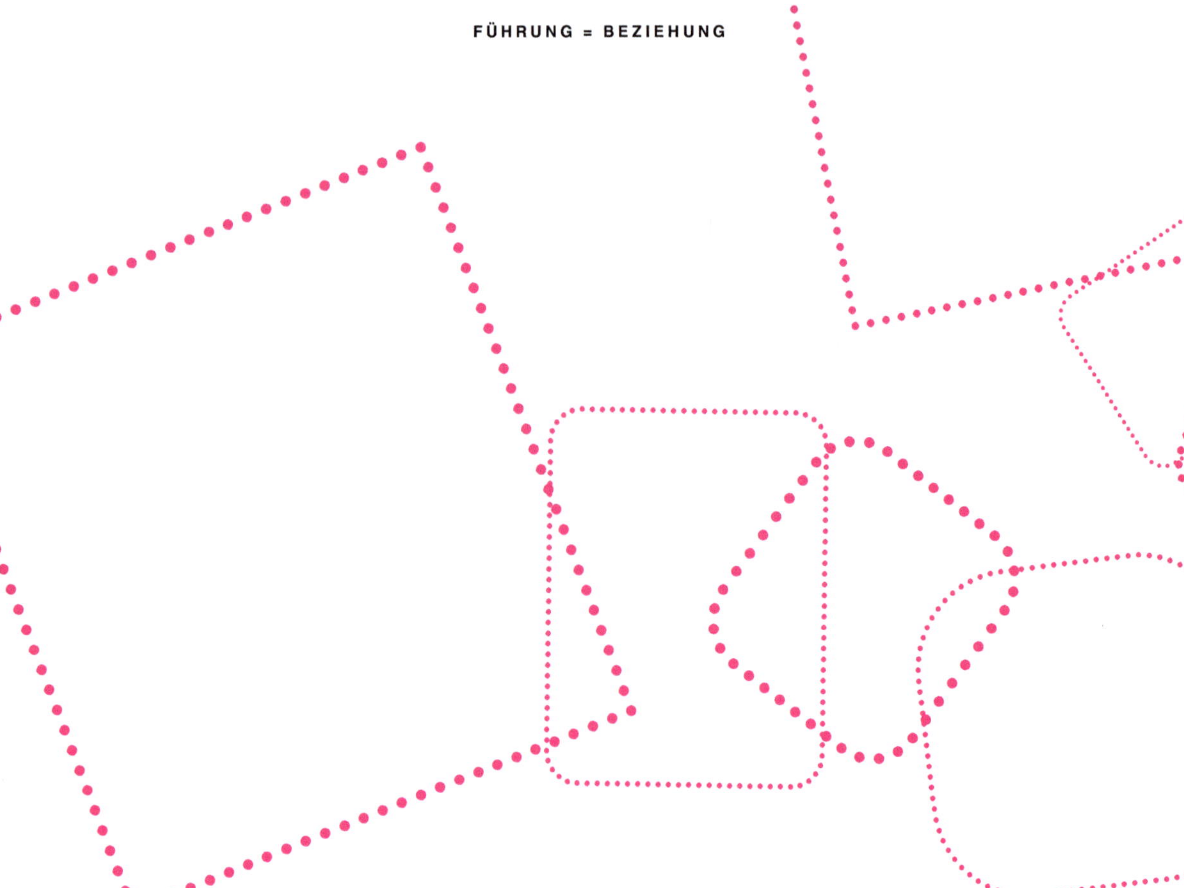

Barnard Bass, der Begründer der Theorie der transformationalen Führung, war der Auffassung, dass „the real movers and shakers of the world are transformational leaders“ (Bass, 1990, S. 23). Damit hat er schon frühzeitig die Überlegenheit transformationaler Führung zum Ausdruck gebracht, eine Meinung, die auch heute noch vielfach vorherrscht. Man muss jedoch beachten, dass Barnard Bass auch betont hat, dass Führungskräfte immer auch transaktional führen, das heißt auf Basis des Austausches von Leistung der Geführten gegen Belohnungen durch die Führungskraft. Weiterhin wird oft übersehen, dass transformationale Führung die Führungskraft in den Mittelpunkt der Betrachtung stellt und die Geführten lediglich als das Material betrachtet werden, das durch transformationale Führung quasi umgeformt wird. Allerdings spielen Geführte auch in der transformationalen Führung eine aktive Rolle im Führungsgeschehen. Darüber hinaus ist es wichtig zu betonen, dass transformationale Führung insbesondere in Veränderungssituationen erfolgreich sein kann, wie von Barnard Bass bereits herausgestellt. Dies bedeutet jedoch nicht, dass sie auch in anderen Situationen immer die beste Wahl ist. In vielen Fällen können andere Führungsansätze möglicherweise sinnvoller sein.

Bass, B. M. (1990): From transactional to transformational leadership: Learning to share the vision. Organizational Dynamics, 18(3), S. 19-31. https://doi.org/https://doi.org/10.1016/0090-2616(90)90061-S

16. Ist transformationale Führung wirklich die bessere Führung?

17. Eine Führungsbeziehung sollte eine Resonanzbeziehung sein

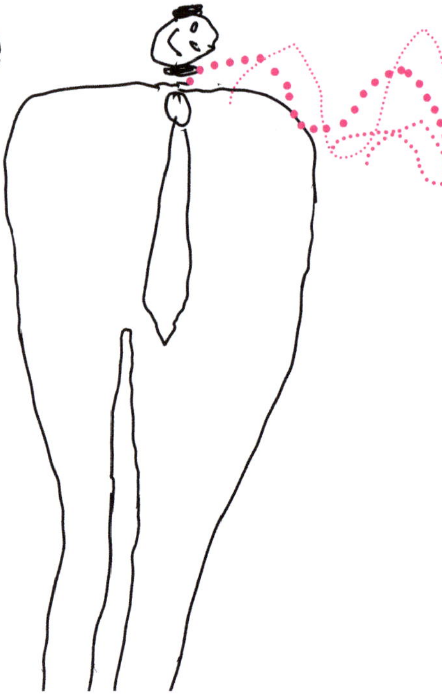

Bildlich gesprochen bezeichnet Resonanz eine Art gemeinsames Schwingen von Menschen. In diesem Sinne ist es zunächst die Aufgabe von Führung, aktiv Schwingungen unter den Mitarbeitenden herzustellen oder Schwingungen innerhalb der Organisation zu nutzen. Darüber hinaus sollen Führungskräfte jedoch auch sich selbst als in das Schwingungsgefüge der Organisation eingebettet begreifen. Dies bedeutet einerseits Offenheit, um sich als Führungskraft von der Organisation und den Organisationsmitgliedern berühren und auch verändern zu lassen. Da Resonanz ein wechselseitiger Prozess ist, bedeutet es andererseits jedoch auch, auf die Organisation zu antworten und mit ihr in Dialog zu treten.

Resonanz in diesem Sinne ist kein neuartiges Führungsinstrument. Vielmehr ist das Verständnis von Führungsbeziehung als eine Resonanzbeziehung, ein spezifischer Blickwinkel auf Führung und die Rollen von Führungskräften innerhalb des Beziehungsgeflechtes einer Organisation. Führungskräfte sind nicht die Macher und diejenigen, welche einseitig Einfluss ausüben. Sie sind ein Teil eines sozialen Systems, welches sie anspricht und welchem sie antworten, wobei ihre Antwort in dialogischer Hinsicht weitere Reaktionen des Systems hervorruft.

18. Offen für einen Neustart

Manchmal können sich die Beziehungen zwischen Mitarbeitenden und Führungskraft verhärten. Der Konflikt scheint festgefahren, es gibt Unverständnis und Kränkungen auf beiden Seiten. Oft wehren sich beide Menschen gegen eine mögliche Veränderung. Es braucht Sensibilität und oft viel Zeit, verlorengegangenes Vertrauen wieder herzustellen. Das gelingt oft nicht. Doch wenn es gelingt, haben beide Menschen dazu beigetragen, der Mitarbeiter und die Führungskraft. Das konsequente Loslassen der Vergangenheit kann nicht verordnet werden. Dieses Gelingen ist in der Großzügigkeit beider Menschen bedingt. Großzügig kann nur sein, wer offenherzig in die Zukunft schreitet.

Gut, wenn es solche Mitarbeitenden und Führungskräfte gibt!

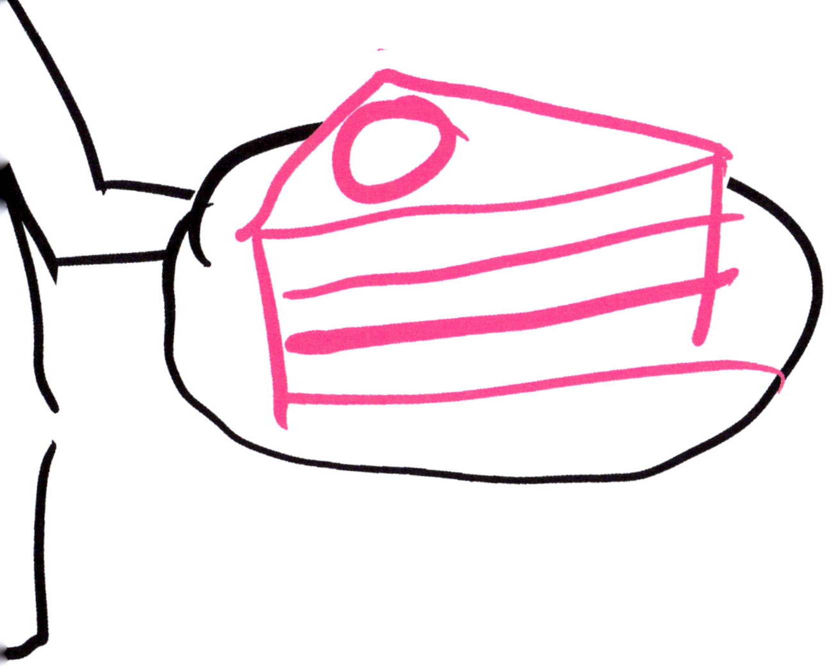

19. Tit for Tat

Tauschgeschäfte sind auch in Unternehmen gang und gäbe. Man möchte meinen, dass ein Dienstvertrag das Geschäft regelt, Arbeit gegen Entgelt. Doch das ist nicht genug, dazu kommen psychologische Verträge, im Sinne von Zusatzerwartungen an die Mitarbeiterinnen und Mitarbeiter, bestimmte (Dienst-) Leistungen, auch wenn sie nicht im Dienstvertrag geregelt sind, regelmäßig für das Unternehmen zu erbringen.

Tit for Tat steht für eng definierte Vergeltung, also ein begrenztes Auge-für-Auge-Spiel. Führungskräfte sollten sich hüten, unreflektiert in ein Tit-for-Tat Spiel hineingezogen zu werden beziehungsweise selbst Tit-for-Tat-Spiele anzuzetteln. Jedes offene Gespräch darüber verfestigt die Beziehung untereinander und kann die Möglichkeit zu einer veränderten Qualität des Miteinanders wieder öffnen.

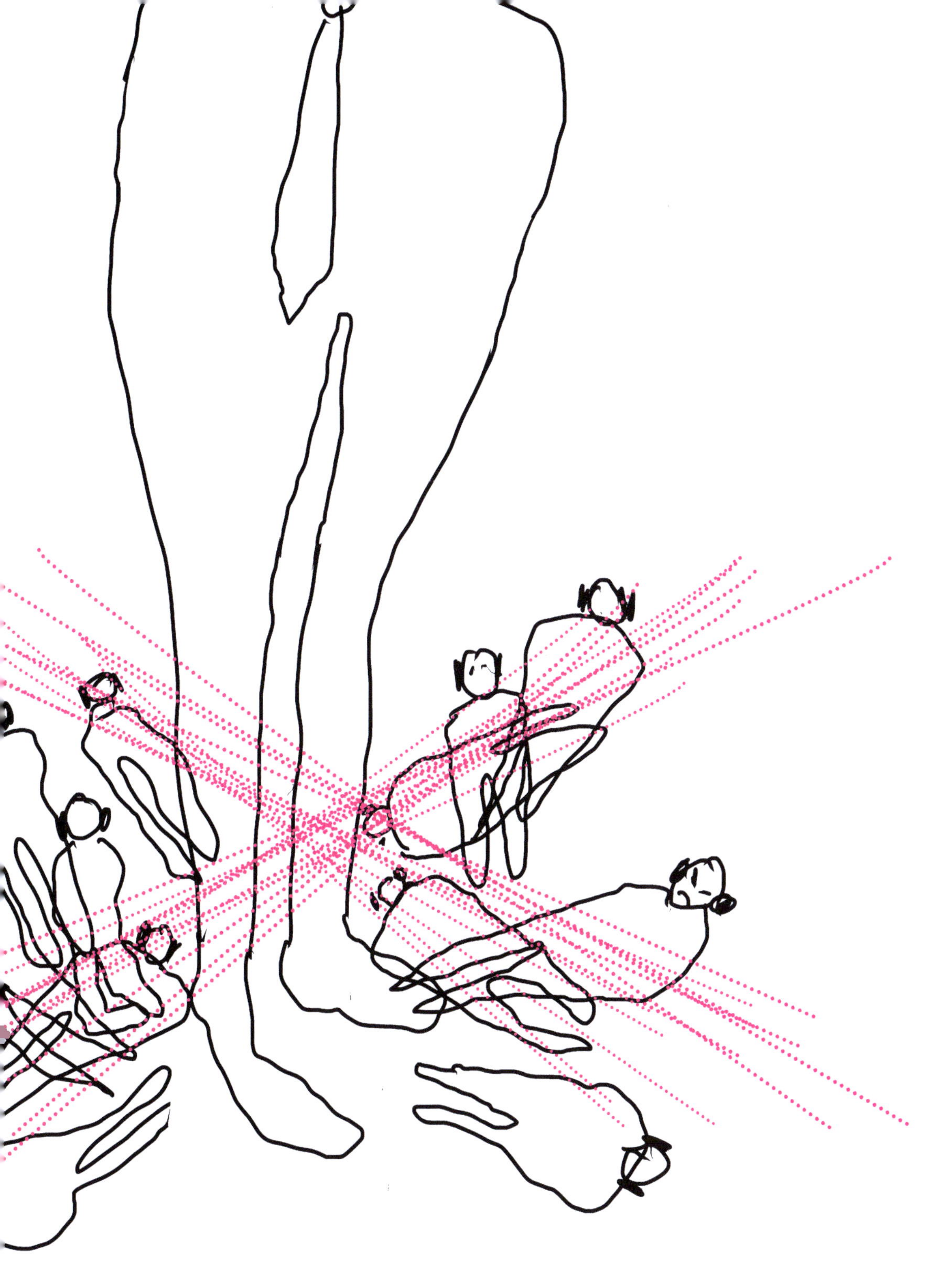

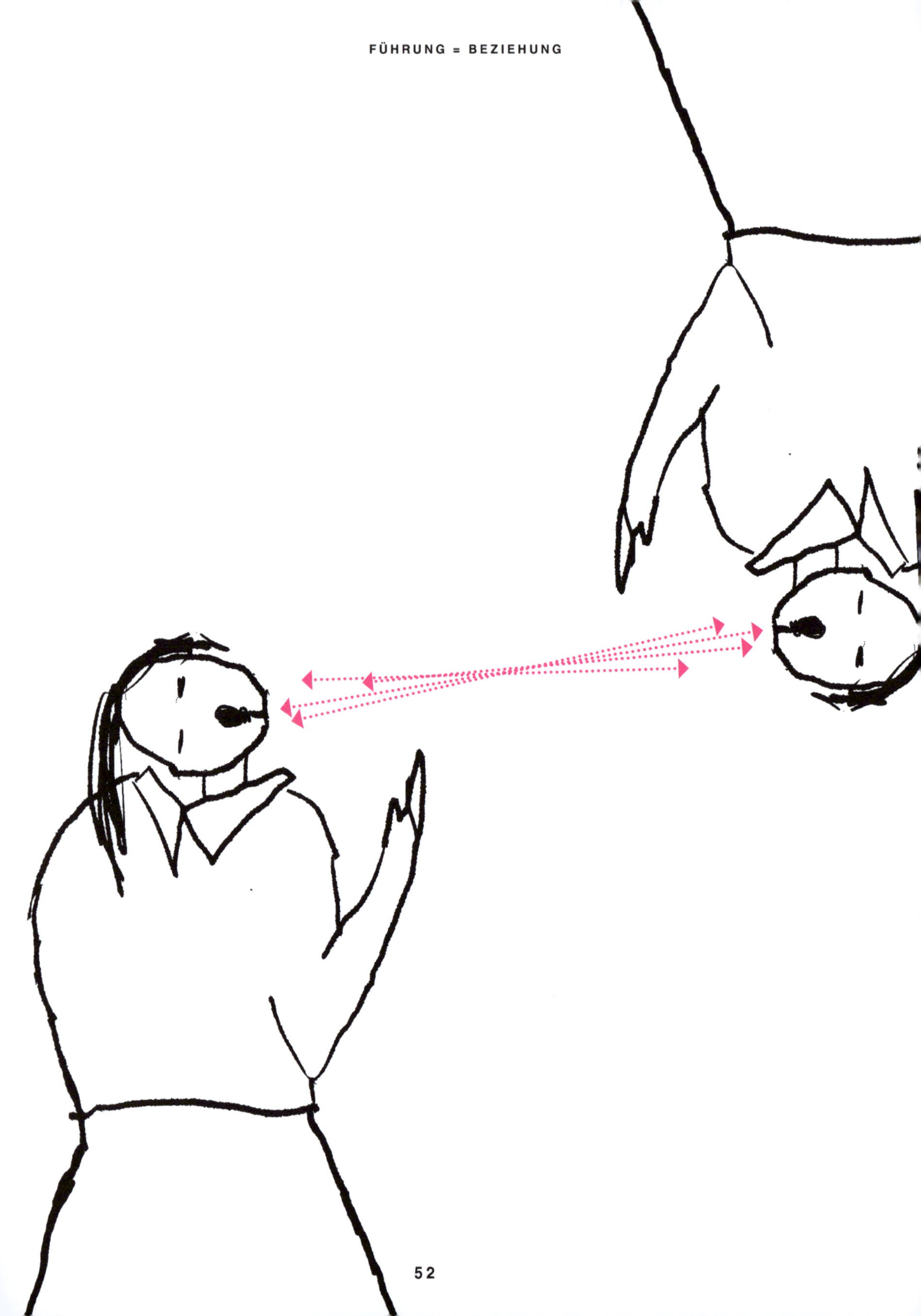

20. Weibliche Führungskräfte und das Problem gegensätzlicher Erwartungen

In der Führungsforschung wird wiederholt gezeigt, dass Führung mit eher maskulinen Eigenschaften verbunden wird. Dieses Phänomen wird als „Think Leader - Think Man“; bezeichnet, wobei typische Eigenschaften, die mit einer Führungskraft assoziiert werden, wie zum Beispiel dominantes, starkes, kraftvolles oder heroisches Verhalten, stereotypischerweise auch mit Männern assoziiert werden. Demzufolge wird von Führungskräften in der Regel ein eher maskulines Verhalten erwartet. Die Forschung zeigt jedoch auch, dass von weiblichen Führungskräften aufgrund ihres Geschlechts ein eher femininer Führungsstil erwartet wird. Diese widersprüchlichen Erwartungen können für weibliche Führungskräfte zu einem schwierig zu lösenden Konflikt führen, da sie beiden Erwartungshaltungen gerecht werden sollen, jedoch niemals beide gleichzeitig erfüllen können.

21. Ist Führung androgyn?

Ob das Verständnis von Führung männlich oder weiblich konnotiert ist, ob weibliche und männliche Führungskräfte unterschiedlich führen und ob ein männlicher oder weiblicher Führungsstil erfolgreicher ist, sind viel diskutierte Themen in der Führungsforschung und -praxis. In diesen Diskussionen spielen genderstereotype Vorstellungen von Eigenschaften, Verhaltensweisen und Rollen eine nicht unerhebliche Rolle. Allerdings werden diese Geschlechterstereotype in Bezug auf Führungsunterschiede und Führungserfolg zunehmend unwichtiger. Unserer Meinung nach scheint Führung in zunehmendem Maße als androgyn verstanden zu werden. Erfolgreiche Führung wird in diesem Sinne als eine Art Mischung aus bestimmten maskulinen und femininen Führungsqualitäten betrachtet, wobei das Geschlecht einer bestimmten Führungskraft zunehmend in den Hintergrund tritt.

22. Resonanzroutinen durchbrechen

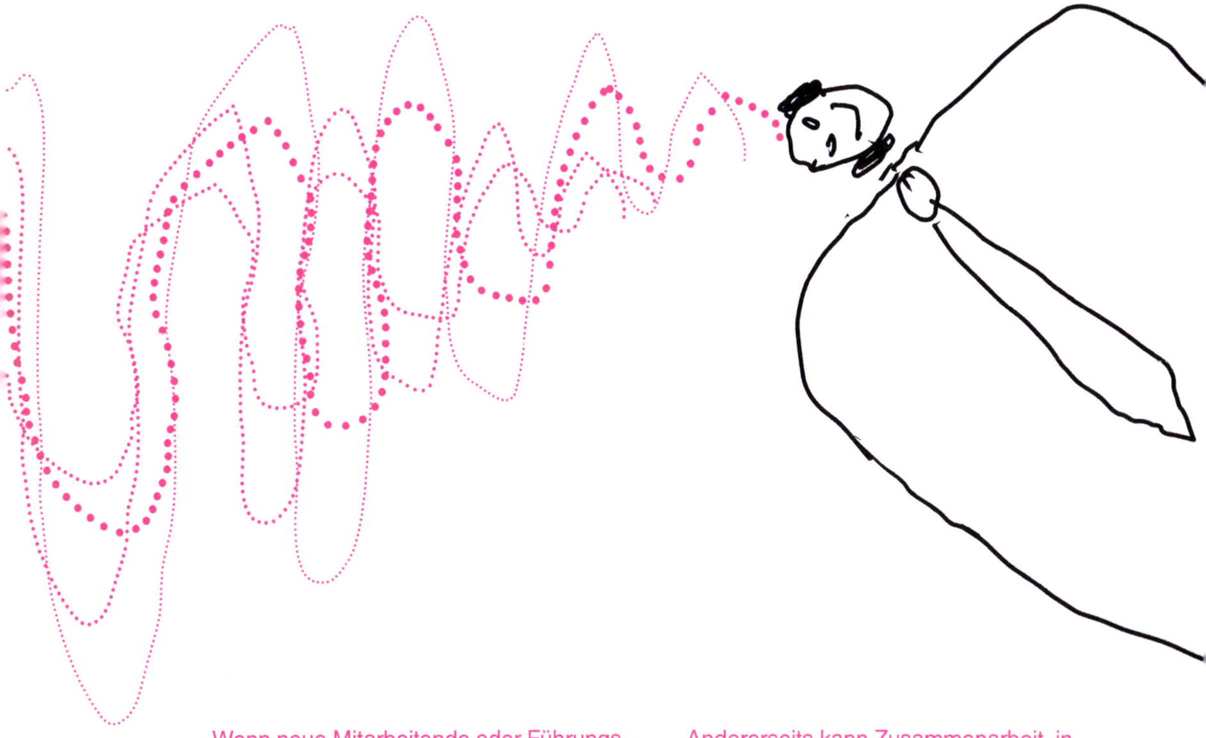

Wenn neue Mitarbeitende oder Führungskräfte ins Unternehmen kommen, gibt es oft eine maximale Aufmerksamkeit füreinander. Man ist gespannt, wie sich die Beziehung entwickelt, bemüht sich darum, sich konstruktiv zu zeigen und eine tragfähige Beziehung aufzubauen. Es kommt zum wechselseitigen Austausch von Resonanzen in hoher Frequenz.

Nach einigen Monaten hat man sich ein Bild voneinander gemacht, man erwartet sich keine Überraschungen mehr: Resonanzroutine hat Einzug gehalten.

Diese Resonanzroutine ist nicht per se negativ. Man meint, einander zu kennen und geht entspannter und vielleicht auch sicherer miteinander um, weil man schon zu wissen glaubt, was die Beziehung aushält.

Andererseits kann Zusammenarbeit, in der sich immer das Gleiche wiederholt und Überraschungen vermieden werden, doch auch sehr langweilig werden.

Diese Resonanzroutine kann die Weiterentwicklung der Organisation verhindern, da sie uns sozusagen im antrainierten Zusammenarbeitsmodus festhält. Routinen bringen uns jedoch nicht zum Staunen und nicht zum Experimentieren.

Einen frischen Blick auf den Anderen oder die Andere in der Führungs-Geführten-Beziehung zu richten, geht nur, wenn beide offen in Augenhöhe miteinander Irritationen zulassen bzw. gemeinsam neue Aufgaben und neue Zusammenarbeitsformen erkunden.

Erstes Intermezzo: Führung und Führungskraft

Ingo: Ich versuche, meinen Studierenden immer beizubringen, dass das, was im Lehrbuch steht, ein sehr reduziertes Verständnis von Führung ist. Weil – und das sieht man auch bei den Studierenden – Führung in Lehrbüchern häufig mit der Führungskraft gleichgesetzt wird. Wer die Führungskraft ist, was sie macht, wie sie in verschiedenen Situationen agiert, das ist Führung. Und ich versuche den Studierenden beizubringen, dass wir, wenn wir so an Führung denken, die Geführten vergessen. Wir reduzieren damit die Geführten auf eine Rolle des passiven Empfangens von Führung durch die Führungskraft. Wir sehen nicht die Beziehung, welche zwischen den Geführten und der Führungskraft existiert. Das Verhältnis von Führungskraft und Geführten wird auf einseitige Einflussnahme reduziert, also unidirektional und nicht bidirektional.

Sabine: Für mich steht Führung auch sehr stark mit dem Beziehungsgeschehen zwischen Führungskraft und Mitarbeitenden in Verbindung – doch ich denke, dass die Führungskraft schon einen stärkeren Gestaltungseinfluss hat.

Ingo: Ja, da stimme ich zu.

Sabine: Ja, Führung ist die Beziehung. Es geht jedoch auch darum, mit den Mitarbeitenden gemeinsam eine Aufgabe zu erledigen, gemeinsam etwas zu gestalten oder gemeinsam bestimmte Schritte zu gehen. Demzufolge hat Führung auch Aufforderungscharakter. Es geht nicht nur um Verwaltung des Status quo, sondern es geht auch darum, sich als Organisation oder als Organisationseinheit zu bewegen. Und diese Bewegung schaffe ich nur mit dieser Beziehung.

Ingo: Ja, das stimmt. Ich versuche jedoch, auch ein Stück weit diesen Zielführungscharakter von Führung – der ohne Frage existiert – zu reduzieren, wenn wir versuchen, Führung als Beziehung zu verstehen. Das, was die Beteiligten als Führung verstehen und wo Führung hinführt, ist das Ergebnis der sich entwickelnden Beziehung zwischen Geführten und Führungskraft heraus.

Sabine: Die Beziehung kann sich entwickeln, herausformen und muss von beiden mit Sensibilität beobachtet und beeinflusst werden.

Ingo: Ich glaube auch, dass Führung eine Machtbeziehung ist. Die Führungskraft hat da mehr Gestaltungsspielraum oder mehr Möglichkeiten. Das ist so, gerade wenn wir von formaler Führung sprechen. Und das machen wir bei Organisationen ja ganz häufig. Trotzdem ist eben das, was dabei rauskommt, also die Führungsrealität selbst und damit auch das Ergebnis von Führung, ein gemeinsamer Prozess. Selbst wenn du als Führungskraft zum Beispiel ein Ziel vorgibst, wie es dann umgesetzt wird, ob es überhaupt umgesetzt wird, da spielen ganz viele andere Faktoren und ganz viele andere Beteiligte mit herein.

Sabine: Also, für mich ist das auch so. Führung ist ein gemeinsamer Prozess. Und es gibt eine gemeinsame wechselseitige Beeinflussung. Natürlich gibt es auch einen Kontext, der diese Beziehung beeinflusst. Aber es ist eindeutig ein gemeinsamer Prozess. Ich finde es auch für sehr wichtig, dass sich die Führenden ihrer Abhängigkeit von den Geführten bewusst sind.

Ingo: Das sind sie häufig nicht, glaube ich.

Sabine: Ja, das sind sie häufig nicht.

Ingo: Führungskräfte glauben häufig das mit der formalen Position und mit der dazugehörigen Positionsautorität auch…

Sabine: …quasi automatisch…

Ingo: …Gestaltungsautorität hinzukommt.

Sabine: Ja, genau.

Ingo: Und dieses Verständnis ist, glaube ich, auch weit verbreitet bei Studierenden. Gerade Studierenden in frühen Semestern haben eine Tendenz zur Überhöhung von Führungspersonen, dass diese also sehr viel Autorität und sehr viel Gestaltungsraum haben und die anderen gar nicht so wichtig sind im Führungsprozess.

Sabine: Ich finde, dass es wichtig ist, wenn man sich in der Organisation mit Führung beschäftigt, dass man sich auch mit dieser Überhöhung von Führungskräften beschäftigt. Eine Reflexion über die unterschiedlichen Bilder von Führung unter den Organisationsmitgliedern halte ich für sehr sinnvoll, und auch, wie sich diese Bilder auch wechselseitig beeinflussen.

Ingo: Ich glaube, dass das Bild von Führung, das sehr stark auf die Person der Führungskraft abzielt, so eine Überhöhung ist. Diese Person ist besonders wichtig oder wird besonders wichtig gemacht in diesem Bild. Dabei geht aber jedes Wechselseitige, eventuell auch jedes Dialogische verloren

Sabine: Ja, genau.

Ingo: Aber der Dialog zwischen Führungskraft und Geführten ist trotzdem noch sehr stark vom Machtaspekt bestimmt. Hier hat Führung doch einen Aufforderungscharakter. Die Führungskraft fordert zu etwas auf und die Mitarbeiter reagieren darauf. Das ist kein offener Dialog.

Sabine: Die Funktionsmacht der Führungskraft beeinflusst das Verhalten der Geführten, einfach weil sie wissen, dass es die Möglichkeit der Sanktion ihres Verhaltens gibt.

Führung heißt Einfluss nehmen

23. Führungskräfte beeinflussen die wahrgenommene Realität in der Organisation

Innerhalb der Organisation sind Führungspositionen mit bestimmten Verantwortlichkeiten und Autoritäten ausgestattet. Führungskräften, als Inhaber dieser Positionen, kommt dabei unter anderem die Aufgabe zu, Probleme zu identifizieren und Entscheidungen zu treffen. Insbesondere hinsichtlich der Identifizierung und Definition von Problemen haben hier Führungskräfte die Autorität, zu definieren, worin letztendlich das Problem besteht. Häufig existieren verschiedene Möglichkeiten, einen Sachverhalt zu interpretieren und die Art eines Problems zu bestimmen, weil die Sachlage an sich mehrdeutig ist oder weil verschiedene Meinungen existieren. Die Entscheidung, ob nun ein Problem existiert und welcher Art dieses Problem ist, hängt in der Regel von der Sichtweise und Interpretation der Führungsperson ab und weniger davon, wie zum Beispiel die Geführten die Situation wahrnehmen. In diesem Sinne haben Führungskräfte die sogenannte Interpretationshoheit.

Führungskräfte können qua Rollen-Autorität die wahrgenommene Realität in Organisationen beeinflussen.

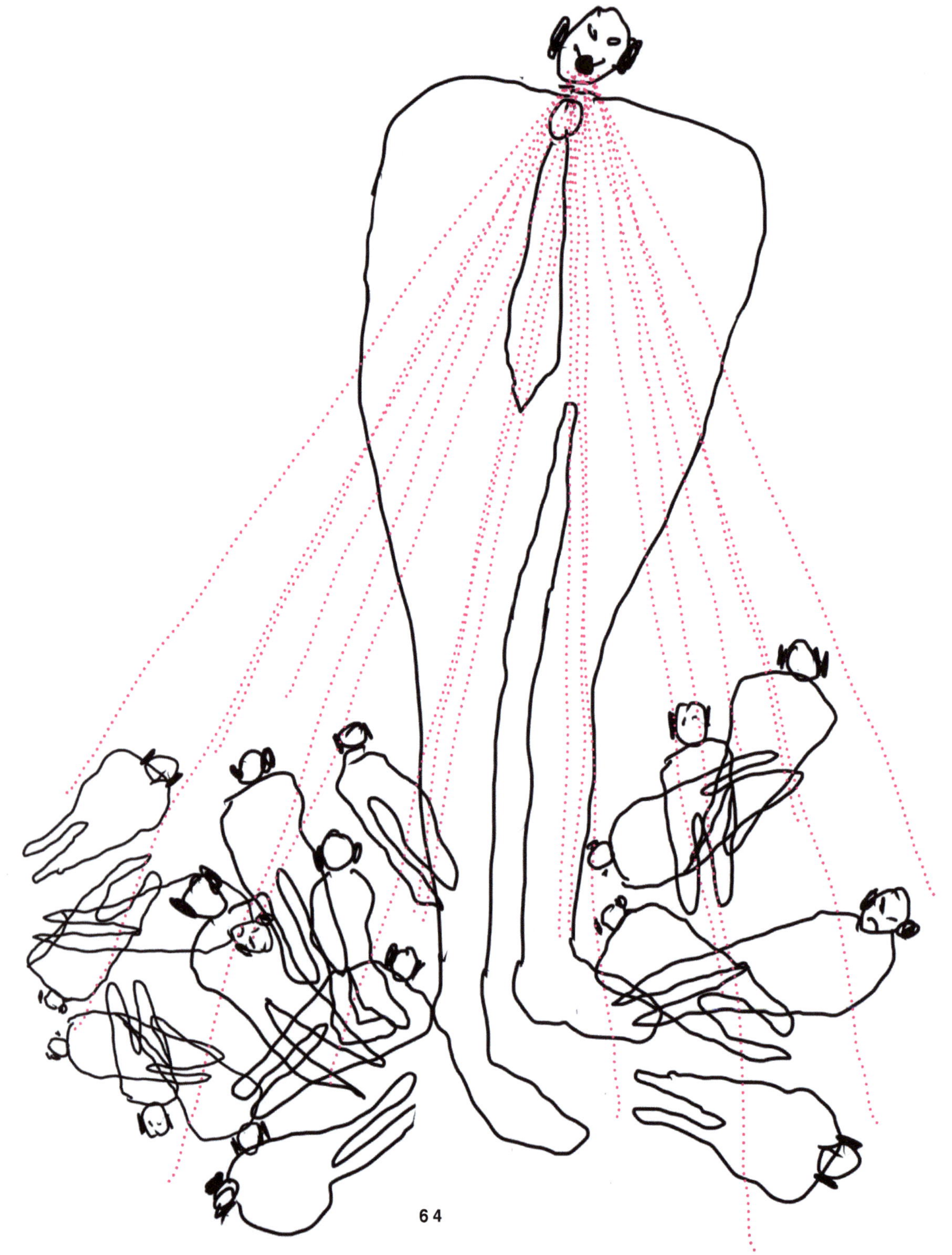

24. Es ist gar nicht notwendig, so viel zu herrschen

Führungskräfte nehmen sich meist zu wichtig. Und der Grat zwischen Steuern und Herrschen ist oft ein sehr schmaler. Führung bedeutet, den Blick auf das Ganze zu richten, in Systemen zu denken und ein ganzheitliches Verständnis für Zusammenhänge, Wirkungen und Nebenwirkungen innerhalb der bestehenden Systemen zu haben. Komplexe Systeme kann man nicht beherrschen und wir alle sollten uns davor hüten, sie auf einzelne und oft leicht messbare Parameter zu reduzieren. Komplexe Systeme verlangen interdisziplinäre Kommunikation und die Bereitschaft, uns von dieser komplexen dynamischen Situation etwas beibringen zu lassen. Systeme regenerieren sich kontinuierlich, indem sie unvorhersehbare Erschütterungen auch (teilweise) nutzen können. Unternehmen können leicht übersteuert werden, ein Zuviel an Führung führt oft zum Gegenteil des gewünschten Erfolgs. Mit Demut die Aufgabe der Führung anzunehmen, und den Grundauftrag der eigenen Organisation an die Führungsperson mit einer Dienstleister-Haltung anzugehen, das hilft.

25. Auf glühenden Kohlen

Die Hoffnung auf Planbarkeit und Gestaltbarkeit ihrer Organisationseinheiten hat sich für viele Führungskräfte als trügerisch erwiesen. Sie erkennen oftmals, dass sie auf glühenden Kohlen sitzen.

Aus dem Dilemma kann man sich als Führungsperson nur herauslösen, wenn man die aktuelle Komplexität zum gemeinsamen Lern- und Entwicklungsfeld des Unternehmens erklärt. Führungskräfte treten dann sozusagen als „Hirten" des Entwicklungsprozesses auf.

Es geht um das Austarieren zwischen der noch möglichen Ambivalenz zwischen Stabilität und Wandel. Wer als Führungskraft Lernprozesse glaubwürdig zu steuern vermag, kommt nicht darum herum, die eigene Unwissenheit und Unsicherheit zuzugeben.

Wer ist gemeint, wenn eine Führungskraft das Wort „wir“ benutzt? Ist dies immer ein inklusives „wir“, das alle einschließt, wie zum Beispiel die gesamte Abteilung oder das gesamte Unternehmen, einschließlich der Führungskraft selbst? Oder handelt es sich in bestimmten Fällen um ein exkludierendes „wir“, das die Mitarbeitenden meint, aber die Führungskraft selbst ausschließt? Bei genauer Betrachtung der Verwendung des Wortes „wir“ in der Kommunikation von Führungskräften lassen sich beide Formen beobachten. Allerdings wird das Wort „wir“; auch strategisch eingesetzt, beispielsweise, um in Krisenzeiten Zusammenhalt zu erzeugen, selbst wenn die Konsequenzen einer Krise, wie beispielsweise krisenbedingte Kündigungen, für die Mitarbeitenden möglicherweise anders ausfallen als für die Führungskraft.

26. Wir(?) sitzen alle in einem Boot

27. Die Top-Führungskraft als Elefant im Porzellanladen

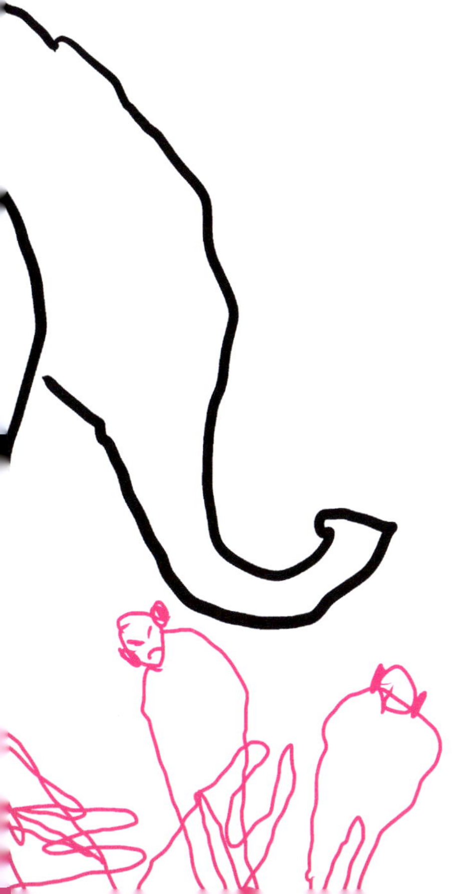

Dies kann leicht vorkommen, wenn neue Top-Führungskräfte es versäumen, sich zunächst umfassend mit der Organisation zu beschäftigen, bevor sie Veränderungen initiieren. Jede Veränderung in einer Organisation muss sich sowohl mit der spezifischen Historie der Organisation als auch mit ihrer Organisationskultur, die fest verankert ist, auseinandersetzen. Veränderungsprozesse anzustoßen, ohne die Historie und Kultur zu kennen und zu berücksichtigen, kann großen Schaden verursachen. Erstens machen solche schlecht vorbereiteten Veränderungen für die Mitarbeitenden oft keinen Sinn, zweitens ignorieren sie die Spezifika der Organisation und drittens können sie schlichtweg falsch sein, wenn sie ohne umfassende Kenntnis der Organisation erfolgen. Das bedeutet nicht, dass ein solches Vorgehen von vornherein zum Scheitern verurteilt ist. Es besteht jedoch eine hohe Wahrscheinlichkeit, dass viel Porzellan zerschlagen wird, das hinterher mühsam gekittet werden muss.

28. Solange die Ergebnisse passen, wird (möglicherweise) auch ein problematisches Verhalten der Führungskraft toleriert

Die Hauptaufgabe der Führungskraft besteht darin, Ergebnisse zu erzielen, die positiv zum Erreichen der Organisationsziele beitragen. Diese Ergebnisorientierung wird oft als Maßstab für die Leistung der Führungskraft und die Gewährung von Boni genutzt. Jedoch hat diese Orientierung auf das Ergebnis auch eine Kehrseite. Wer sich ausschließlich auf das Ergebnis konzentriert, übersieht leicht, dass der Prozess zur Erzielung des Ergebnisses ebenfalls ein relevanter Aspekt ist. Wenn dieser Aspekt ignoriert wird, kann die Art und Weise, wie die Führungskraft ihre Führung ausübt und wie die Geführten die Führungskraft und ihr Verhalten erleben, unter dem Radar bleiben. Es ist natürlich wichtig, „to make the numbers", wie es im Englischen heißt. Wenn die alleinige Konzentration darauf dazu führt, dass problematisches Verhalten der Führungskraft möglicherweise toleriert wird, ist dies bedenklich für die Organisationskultur.

+2385%

29. Führung hat Deutungshoheit

Führung bedeutet zu kommunizieren und Führungskommunikation beinhaltet, den Geführten Interpretationsangebote zu machen. Führung bedeutet in diesem Sinne nicht, einfach nur „Anweisungen zu geben", sondern „Sinn zu vermitteln". Dies wird oft als „Framing" bezeichnet, also das Einbetten von Kommunikationsinhalten in einen bestimmten Sinn-Kontext, der einen Rahmen dafür bietet, wie Geführte das Kommunizierte verstehen sollen. Dies ist besonders effektiv, wenn die Geführten die Führungskraft als legitim anerkennen. Allerdings ist das Schaffen eines Interpretationsrahmens nur ein Angebot zur Deutung und es ist nicht sicher, dass die Geführten diesen Rahmen auch im beabsichtigten Sinne verstehen oder akzeptieren.

30. Führung bedeutet, beizutragen, dass die Organisation lernt

Dass Organisationen sich an veränderte Bedingungen anpassen, aus vergangenen Erfolgen und Misserfolgen lernen (können) und Irrtümer der Vergangenheit ausspüren und korrigieren (können), wissen wir. Lernen bedeutet zuallererst einmal, Altes, nicht mehr Nützliches zu verlernen. Die Bereitschaft, mentale Modelle loszulassen, entsteht meist in Zeiten hoher Emotion, in Zeiten von Krisen und in ergebnisoffenen Reflexionsräumen. In kritischen Situationen und Krisenzeiten ist Führung in der Regel besonders gefordert, um das Verlernen zu unterstützen. Dies bedeutet jedoch auch, dass Führungskräfte selbst zugeben müssen, dass sie einer begrenzten Vernunft unterliegen und Altes verlernen sollten, um Neuem Platz zu machen.

In diesem Sinne bedeutet das Fördern von Lernen, Mitarbeitende in den Dialog zu bitten, ihre Gedanken und Sorgen offen anzusprechen, und damit die Organisation als Ganzes in komplexen Umfeldern zu sondieren, um letztlich die Verhaltenswelt des Unternehmens besprechbar zu machen. Lernen ist also ein gemeinsamer Prozess, der zwischen Führungskraft und Mitarbeitern stattfindet. Einseitig Lernen zu fordern, ohne selbst lernen zu wollen oder zu können, funktioniert nicht.

Dass Führung Einflussnahme beinhaltet, ist in beinahe jeder gängigen Definition zu finden. Häufig wird dies jedoch im Sinne der einseitigen Einflussnahme der Führungskraft auf die zu Führenden interpretiert. Führung bedeutet demnach, dass die Führungskraft die Geführten hinsichtlich der Erfüllung eines bestimmten Zieles beeinflusst. Führungskräfte müssen also lernen, das von ihnen verantwortete (Teil-) System zu beobachten und den richtigen Zeitpunkt für eine Führungsintervention auszuwählen. Leider ist dies eine recht einseitige Auffassung von Führung, welche lediglich der Führungskraft Wirkmächtigkeit zuschreibt. Dass Führung ein Prozess ist, welcher die Einflüsse von vielen umfasst, wird hierbei vernachlässigt. Führung ist jedoch nicht das Privileg der Führungskraft oder das Resultat der unidirektionalen Einflussnahme der Führungskraft. Vielmehr ist Führung das Resultat der Gruppendynamik und somit der Einflussnahme von vielen unterschiedlichen Akteuren; auch der sogenannten Geführten.

Führung in diesem Sinne bedeutet Interaktion und wechselseitige Einflussnahme und diese ist häufig nicht nur auf die Erreichung eines bestimmten, sondern vieler verschiedener Ziele ausgerichtet. Führung ist also komplexer als uns manche Definitionen glauben machen wollen.

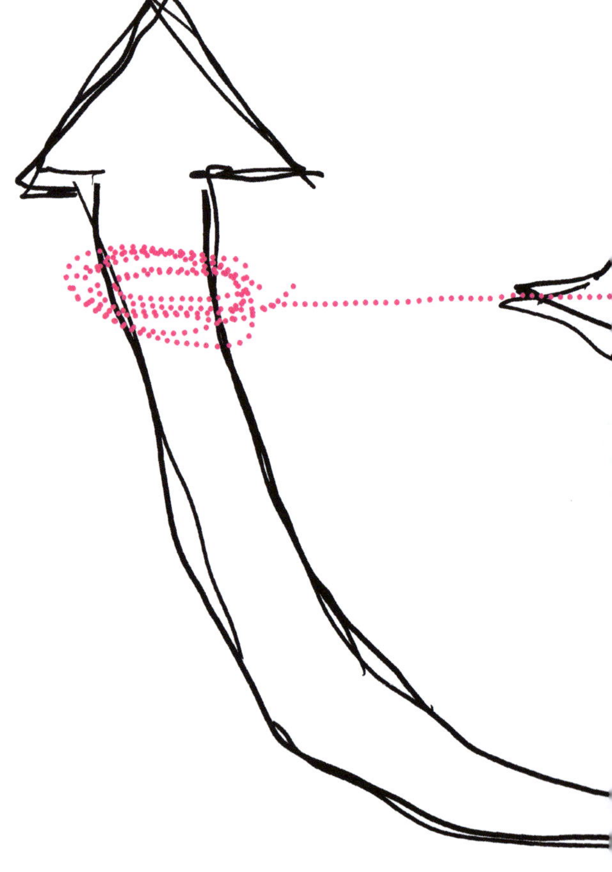

31. Führung bedeutet, Einfluss zu nehmen

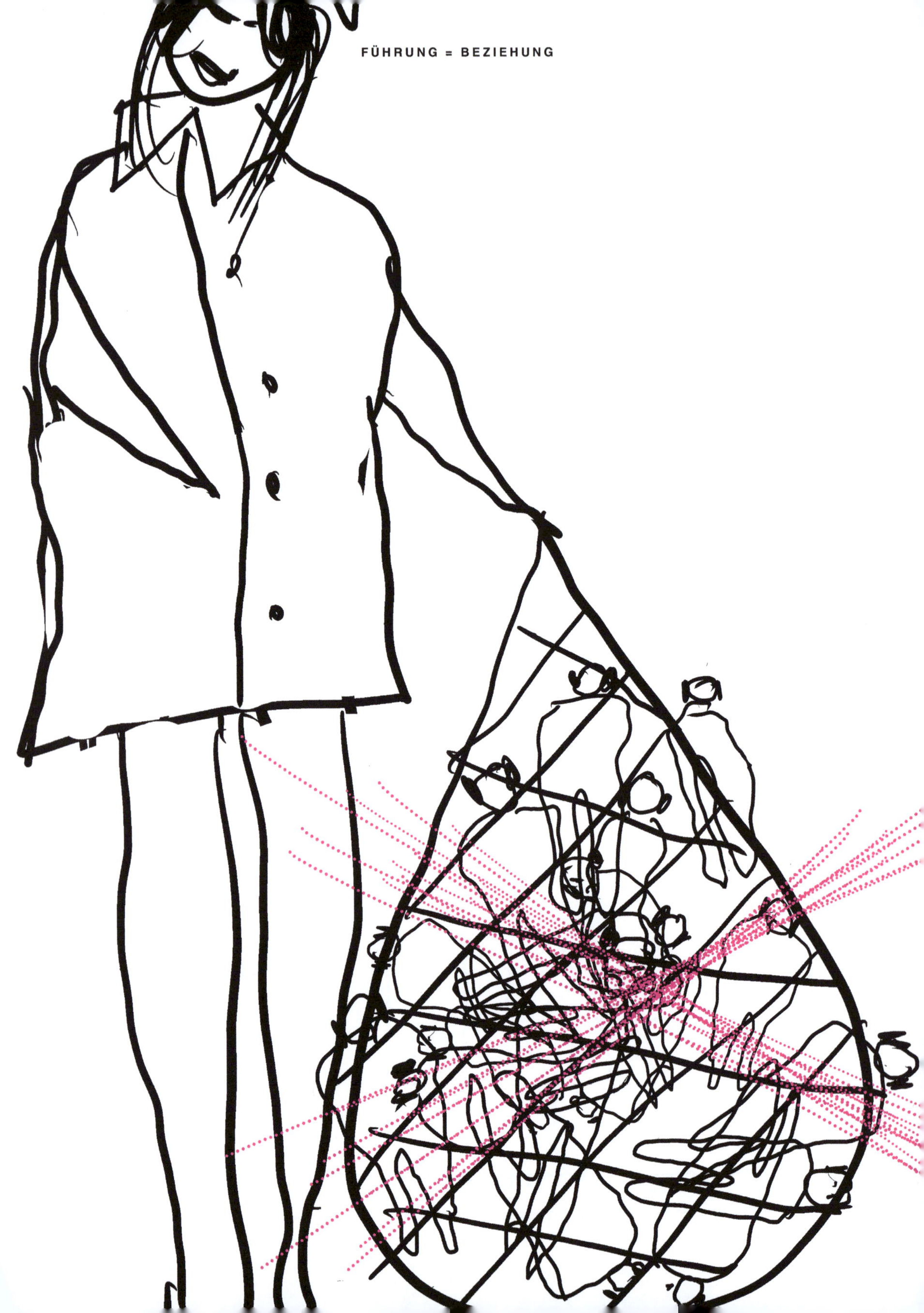
FÜHRUNG = BEZIEHUNG

32. Führung soll die Organisation verfügbar machen, dies klingt jedoch einfacher als es ist

Führung ist ein Instrument, um die Erreichung der Organisationsziele zu fördern. Führungskräfte müssen ihre Geführten verstehen, insbesondere ihre Potenziale und Schwächen kennen und sie so beeinflussen, dass sie im Sinne der Organisation handeln. Dies ist keine einfache Aufgabe.

Organisationen sind komplexe soziale Systeme und daher nicht vollständig kontrollierbar. Aufgrund des Zusammenspiels der beteiligten Akteure entwickeln sie oft eine erstaunliche Eigendynamik. Organisationen haben also eine Art sozialen Eigensinn und können Kräfte entwickeln, die Führung entgegenwirken.

Es ist daher ein Trugschluss, zu erwarten, dass Führungskräfte immer in der Lage sind, die Geführten und die Organisation vollständig im Griff zu haben.

33. Führungskräfte, die in der Lage sind, die Organisation planbar und nutzbar zu machen, werden als die besseren Führungskräfte begriffen

Wenn Führungskräften die Aufgabe zugeschrieben wird, die Geführten im Griff zu haben, dann werden diejenigen als erfolgreich angesehen, die alles unter Kontrolle haben und somit sicherstellen, dass die Geführten zielgerichtet handeln. Eine solche Sichtweise ist jedoch nicht unproblematisch. Zum einen fördert sie eine Kontrollorientierung auf Seiten der Führungskraft, da diese sicherstellen muss, dass alles wie geplant läuft. Allerdings sind „Kontrollfreaks" in der Regel keine guten Führungspersonen. Zum anderen werden diejenigen Führungskräfte, die ihren Mitarbeitern Vertrauen entgegenbringen und auf deren Fähigkeit zur Selbstorganisation setzen, nicht als ebenso gute Führungskräfte gesehen, da sie nicht in das Bild der kontrollierenden Führungskraft passen.

34. Wenn etwas nicht nutzbar gemacht werden kann, ist es für Führung nicht relevant

Führungskräfte haben die Aufgabe, Mitarbeitende zu inspirieren und zu motivieren, eine starke Organisationskultur mit progressiven Werten zu schaffen, und mit gutem Beispiel voranzugehen. Der Zweck dieses Handelns besteht darin, verfügbare Ressourcen unter den Geführten zu aktivieren und für die Organisation nutzbar zu machen. Alles, was in diesem Sinne nicht nutzbar gemacht werden kann, ist für Führung letztendlich nicht relevant. Dementsprechend sind Führungskräfte verpflichtet, Nutzen zu stiften und ihr Führungshandeln darauf auszurichten, möglichst viel von der Ressource Mitarbeiter für die Organisation nutzbar zu machen.

Respektvoller Umgang miteinander, eine vertrauensvolle Atmosphäre, Fairness und konstruktive Kritik sind daher elementare Bestandteile erfolgreicher Führung, da (oder insofern) sie dazu beitragen, Ressourcen verfügbar zu machen.

35. Mit Macht kommt Verantwortung

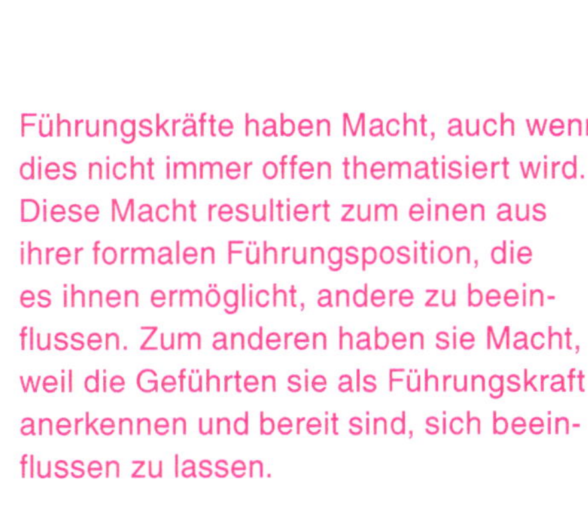

Führungskräfte haben Macht, auch wenn dies nicht immer offen thematisiert wird. Diese Macht resultiert zum einen aus ihrer formalen Führungsposition, die es ihnen ermöglicht, andere zu beeinflussen. Zum anderen haben sie Macht, weil die Geführten sie als Führungskraft anerkennen und bereit sind, sich beeinflussen zu lassen.

Wie schon in einem Spiderman-Comic zu lesen war: „Mit großer Macht kommt große Verantwortung". Führungskräfte sind nicht nur gegenüber der Organisation verantwortlich, sondern müssen sich auch immer ihrer Verantwortung gegenüber anderen Menschen bewusst sein.

Das machtvolle Handeln der Führungskraft und ihre Entscheidungen haben immer Konsequenzen für andere, und diese Konsequenzen betreffen nicht immer nur den Arbeitskontext. Da Erwerbsarbeit einen zentralen Stellenwert im Leben der Mitarbeitenden einnimmt, hat das Handeln der Führungskräfte letztendlich auch Auswirkungen auf andere Lebensbereiche der Mitarbeitenden.

Zweites Intermezzo: Führung muss Verfügbarkeit schaffen

Ingo: Führung verfolgt einen bestimmten Zweck. Etwas soll erreicht werden. Ich glaube, dass, egal, wie man Führung definiert, der Zielerreichungsaspekt immer da ist. Führung versucht also irgendwie Zugriff auf…

Sabine: …auf etwas…

Ingo: ….etwas zu erhalten – ob das eben Menschen sind oder andere Objekte – um etwas zu erreichen. Führung versucht, etwas verfügbar zu machen, eben die Organisationswelt, die die Führungskraft versucht, zu bearbeiten und zu beeinflussen.

Sabine: Für diese Verfügbarmachung und diese Zugriffe wird die Führungskraft auch bezahlt und gut bezahlt.

Ingo: Ich glaube, dafür gibt es Führung.

Sabine: Ja, dafür gibt es Führung.

Ingo: Das ist die Quintessenz von Führung, vielleicht, wie es auch die Quintessenz von Management ist. Sicher geht es bei beiden qualitativ um etwas anderes, aber Führung und Management sind darauf getrimmt, etwas verfügbar zu machen. Bei Führung geht es darum, den Zweck der Organisation zu verstehen und Narrative zu entwickeln, die diesen Zweck den Geführten oder externen Stakeholdern vermitteln.

Sabine: Für mich sind Führungskräfte auch die Anwälte und Anwältinnen des Zwecks der Organisation.

Ingo: Damit versuchen Führungskräfte, Sinn zu stiften. Und das ist eine bestimmte Art und Weise, wie sie praktisch Verfügbarkeit herstellen. Indem Führungskräfte versuchen, Interpretation von Mitarbeitern zu steuern und zu regeln.

Sabine: Ja, Führungskräfte haben Deutungshoheit oder bekommen sie von den anderen Stakeholdern zugeschrieben. Und mit der Deutungshoheit können sie etwas festlegen, das Einfluss auf die Mitarbeitenden hat.

Ingo: Genau.

Sabine: Damit engen Führungskräfte die Welt in gewisser Weise ein. Das ist ihre Definitionsmacht.

Ingo: Ja, genau.

Sabine: Man könnte somit sagen, dass diejenigen Führungskräfte, die die

Organisation mehr verfügbar machen, die besser über die Organisationswelt, die Ressourcen oder die Mitarbeitenden verfügen, besser führen?

Ingo: Also, wenn Führungskräfte besser in der Lage sind, etwas sichtbar, nutzbar und planbar zu machen, ja, dann glaube ich, sie werden als die besseren Führungskräfte begriffen. Insbesondere wenn sie messbare Ergebnisse zu erzielen.

Sabine: Einen Output. Ja.

Ingo: Einen Output. Indem man die Geführten zum Beispiel, also die Arbeitskraft der Geführten, so nutzbar macht, um einen entsprechenden Output zu generieren.

Sabine: Das ist unser landläufiges Verständnis von Führung. Die, die besser Ergebnisse generieren, sind die besseren Führungskräfte.

Ingo: Genau. Und die, die damit scheitern, die es eben nicht schaffen, Verfügbarkeit herzustellen, sind die schlechteren Führungskräfte.

Führung sorgt für Sinn

ORGANISATIONSKULTUR
ORGANISATIONSKULTUR
ORGANISATIONSKULTUR
ORGANISATIONSKULTUR

36. Die Führungskraft als Kulturschöpfer

Edgar Schein, einer der Mitbegründer der Organisationspsychologie und Organisationsentwicklung, beschreibt die Rolle des Kulturschöpfers, der Kulturschöpferin als wesentlich in einem Veränderungsprozess. Das Handeln der Führungskraft wird sozusagen zum Symbol einer neuen Kultur. Deshalb ist die Auswahl von Führungskräften, die in Transformationsprozessen leiten, so wesentlich.

Und doch braucht es Mitarbeitende, die eine „erlaubende" Umgebung für das neue Führungshandeln schaffen, die mit einem Vertrauensvorschuss auf diese neue Führungskultur reagieren. Oft sind es Mitarbeitende, die schon lange auf diese neue Kultur warten und durch ihre Art der Kommunikation, durch ihre Art des In-Beziehung-Tretens den Boden für eine „Neu-Schöpfung" der Kultur bereiten.

37. Nicht gewollte Führung

Der Aspekt der nicht gewollten Führung wird sowohl in der Forschung als auch in der Praxis kaum thematisiert, obwohl er wichtig für die Führungsbeziehung ist. Eine Führungskraft, die eine Führungsposition anstrebt und sich mit dieser identifiziert, führt anders als eine Person, welche eine Führungsposition innehat, die Führungsrolle jedoch ablehnt. Darüber hinaus verhalten sich die Geführten innerhalb der Führungsbeziehung unterschiedlich, abhängig davon, ob sie die Führungskraft als solche akzeptieren oder nicht. Im letzteren Fall gestaltet es sich schwierig, eine funktionierende Führungsbeziehung zu etablieren. Ungewollte Führung ist auch ein Thema innerhalb selbstorganisierter Teams.
Die Entscheidung, ob diese Teams ein Teammitglied als informelle Führungskraft wählen oder ob sie die Führung durch eine Person prinzipiell ablehnen, hat einen entscheidenden Einfluss darauf, wie die Führung innerhalb des Teams gestaltet wird.

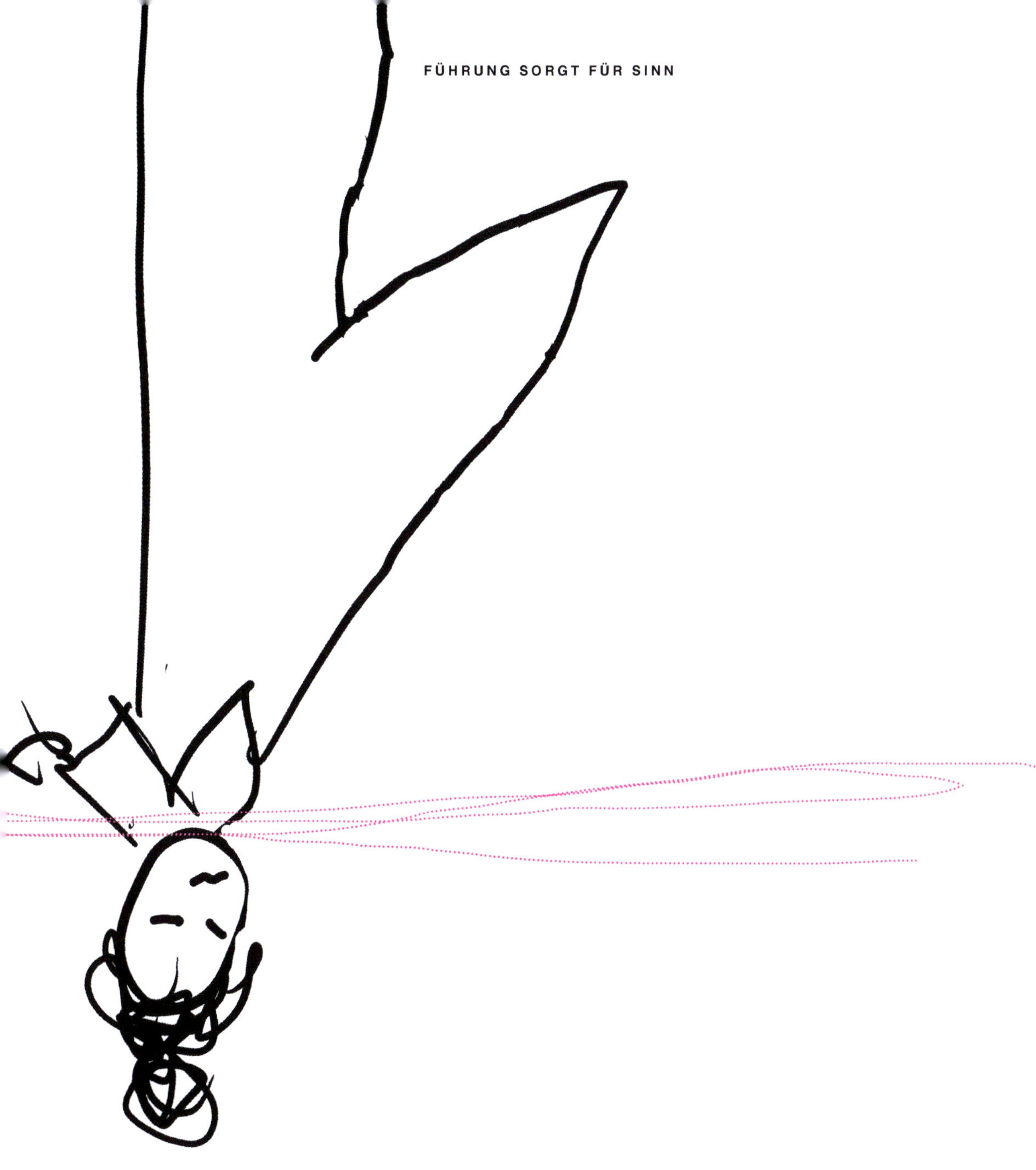

38. Eine Führungskraft kann sich unverfügbar machen. Es ist jedoch gefährlich, sich unsichtbar oder unerreichbar zu machen

Führungskräfte müssen lernen, loszulassen und zumindest teilweise auf die Selbststeuerungsfähigkeiten innerhalb der Organisation zu vertrauen. Dieser Anspruch wird häufig im Zusammenhang mit partizipativer oder demokratisch orientierter Führung formuliert. Dies bedeutet jedoch nicht, dass sich eine Führungskraft in diesem Sinne unsichtbar und unerreichbar macht, ganz im Gegenteil. Weniger direkte Anweisungen und weniger Kontrolle erfordern, dass die Geführten bei Unklarheiten einen Ansprechpartner haben, der ihnen Lösungsmöglichkeiten für ihre Probleme aufzeigt und ihnen hilft, ihre Problemlösungskompetenzen zu erhöhen. Die Geführten müssen wissen, dass die Führungskraft diese Rolle ausfüllt, und sie müssen wissen, wie, wann und wo sie ihre Führungskraft erreichen können. Partizipative Führung, die sich zu einer „Laissez-Faire"-Führung entwickelt, bei der die Führungskraft quasi „verschwindet", stellt die Notwendigkeit einer bestimmten Führungsperson, aber auch die Notwendigkeit von Führung an sich, in Frage.

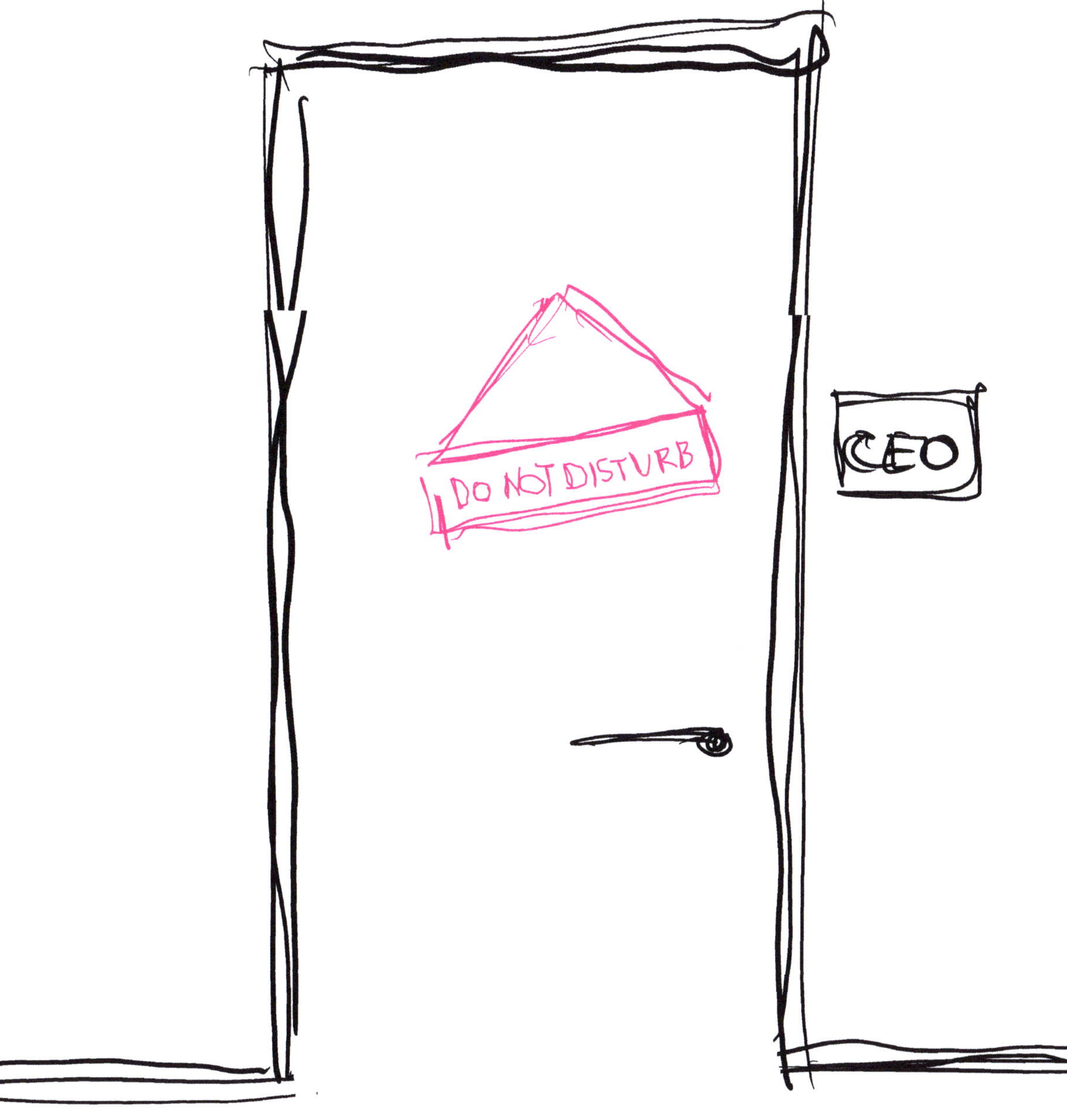
DO NOT DISTURB
CEO

39. Führungskräfte können nicht immer so handeln, wie sie es für richtig halten

Führungskräfte sollten je nach Situation den passenden Führungsstil anwenden. Dazu ist es zunächst wichtig, die Situation und den konkreten Führungsbedarf zu erkennen und danach das entsprechende Führungshandeln auszuwählen. Doch eine solche Sichtweise vernachlässigt, dass Führungskräfte in ein organisatorisches Geflecht aus Strukturen, Regeln und Prozessen eingebunden sind, welche ihre Handlungsmöglichkeiten begrenzen. Außerdem haben Führungskräfte selbst Vorlieben für bestimmte Führungsstile, auch wenn die Situation möglicherweise einen anderen erfordert. Schließlich hängt das Handeln einer Führungskraft auch von den Erwartungen der Geführten sowie den Erwartungen und Interessen der Vorgesetzten ab. Das Motto „Erkenne die Situation und handle dementsprechend" spiegelt also nur einen begrenzten Ausschnitt der organisatorischen Realität von Führungskräften wider.

40. Begrenzte Instabilität braucht Polylog

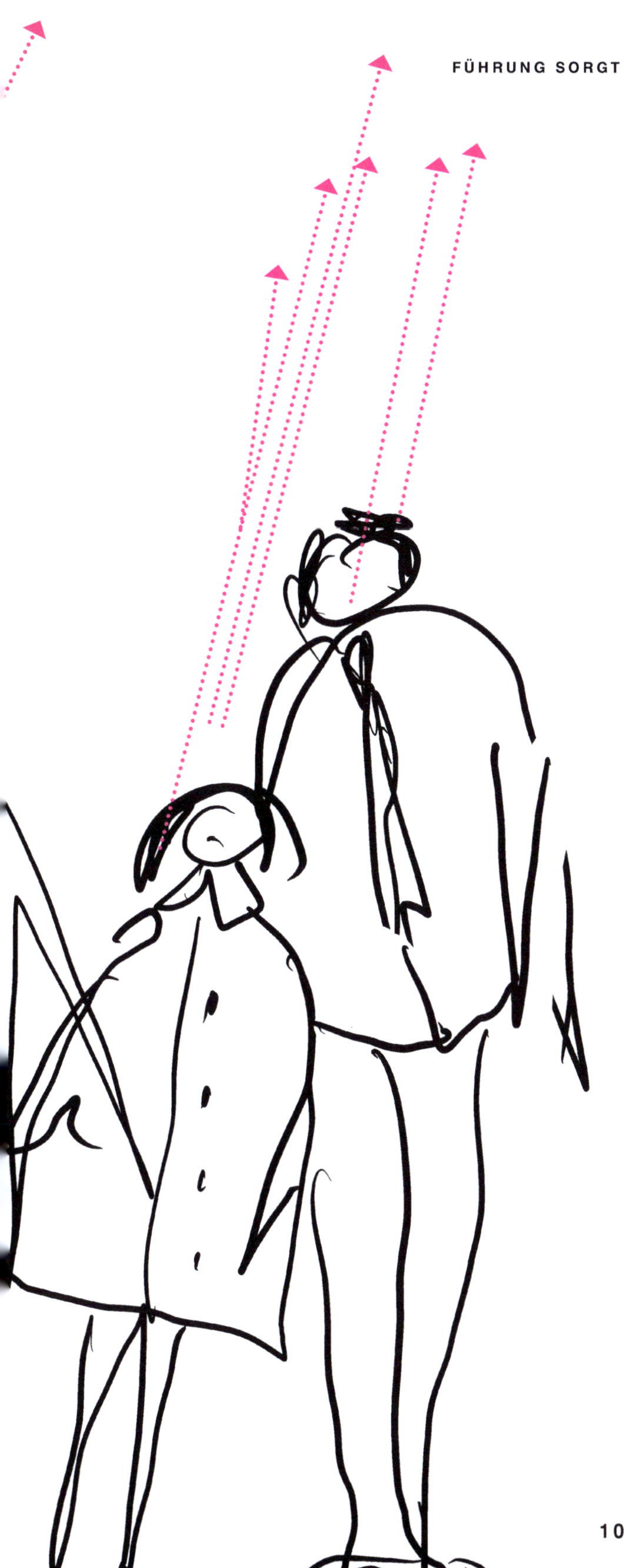

Ralph D. Stacey schlägt vor, Unternehmen nach dem Vorbild von Systemen zu organisieren, die im Bereich der „begrenzten Instabilität“ liegen, sich also von Systemen inspirieren zu lassen, die den Zustand des stabilen Gleichgewichts bereits verlassen haben, aber noch nicht ins Stadium des explosiven Chaos übergetreten sind.

Unternehmen sind gefordert, sich mit der begrenzten Voraussagbarkeit komplexer Systeme zu beschäftigen. Wenn Kommunikation frei fließt, von Mitarbeitenden zu Führungskräften und umgekehrt, wenn ein offener Polylog entsteht, können (vielleicht bisher verdeckte) Möglichkeiten der Selbstorganisation freigesetzt werden.

Dies kann zu einem neuen Selbstverständnis, einer quasi „Neuerfindung“ der Organisation führen. Die gelingt jedoch nur, wenn die Führungskraft der eigenen Sehnsucht, für Stabilität zu sorgen, widersteht.

Stacey, R. D. (1992): Managing Chaos. Dynamic Business Strategies in an Unpredictable World. London: Kegan Paul, S. 63ff

41. Reflexion ermöglicht Selbstorganisation

Überzogene Strukturierungen und stabile Ordnungen können die Selbstorganisationsfähigkeit von sozialen Systemen zerstören. Im Prozess der Selbstorganisation sind die Aktionen, Interaktionen und Wechselbeziehungen eines Systems von Bedeutung.

Selbstorganisation ist nur durch Rückkopplung möglich. Für diese Rückkopplungen muss die Organisation ständig reflektieren, damit gute Entscheidungen getroffen werden können. Und diese Reflexion muss quer über alle Hierarchieebenen stattfinden. Deshalb tun Führungskräfte und Mitarbeitende gut daran, regelmäßig ihre Art, wie sie miteinander und untereinander interagieren in den Fokus zu stellen. Diese Reflexion soll auf die Art und Weise abzielen, wie man die Wechselbeziehungen des Führungsalltages gestalten kann, so dass sie der Weiterentwicklung des Gesamtunternehmens dienen.

42. Organisationen am Rande des Chaos

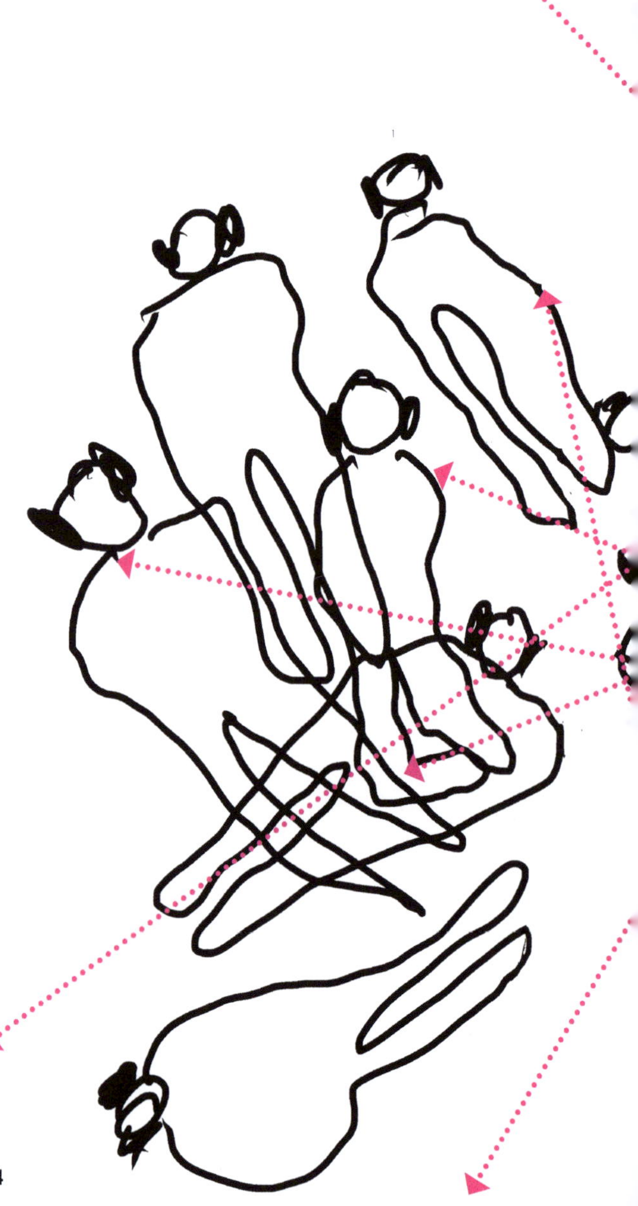

Unternehmens müssen sich oft mit paradoxen Anforderungen auseinandersetzen. Sie müssen zum Beispiel die Einführung neuer Technologien top-down vorantreiben und gleichzeitig den Mitarbeitenden und Führungskräften ein möglichst hohes Maß an Autonomie zugestehen.

Ob ein Unternehmen gut mit Dilemmata und Widersprüchlichkeiten umgehen kann, scheint zu einem entscheidenden Wettbewerbsfaktor geworden zu sein. Eine gute Mischung aus Wandlungskompetenz bei gleichzeitigem Halten von Routinen und Ritualen, ist etwas, das sich nur schwer beherrschen lässt.

Eine solche gute Mischung muss demnach immer wieder durch dialogische Feedbackprozesse zwischen allen Ebenen der Organisation hergestellt werden.

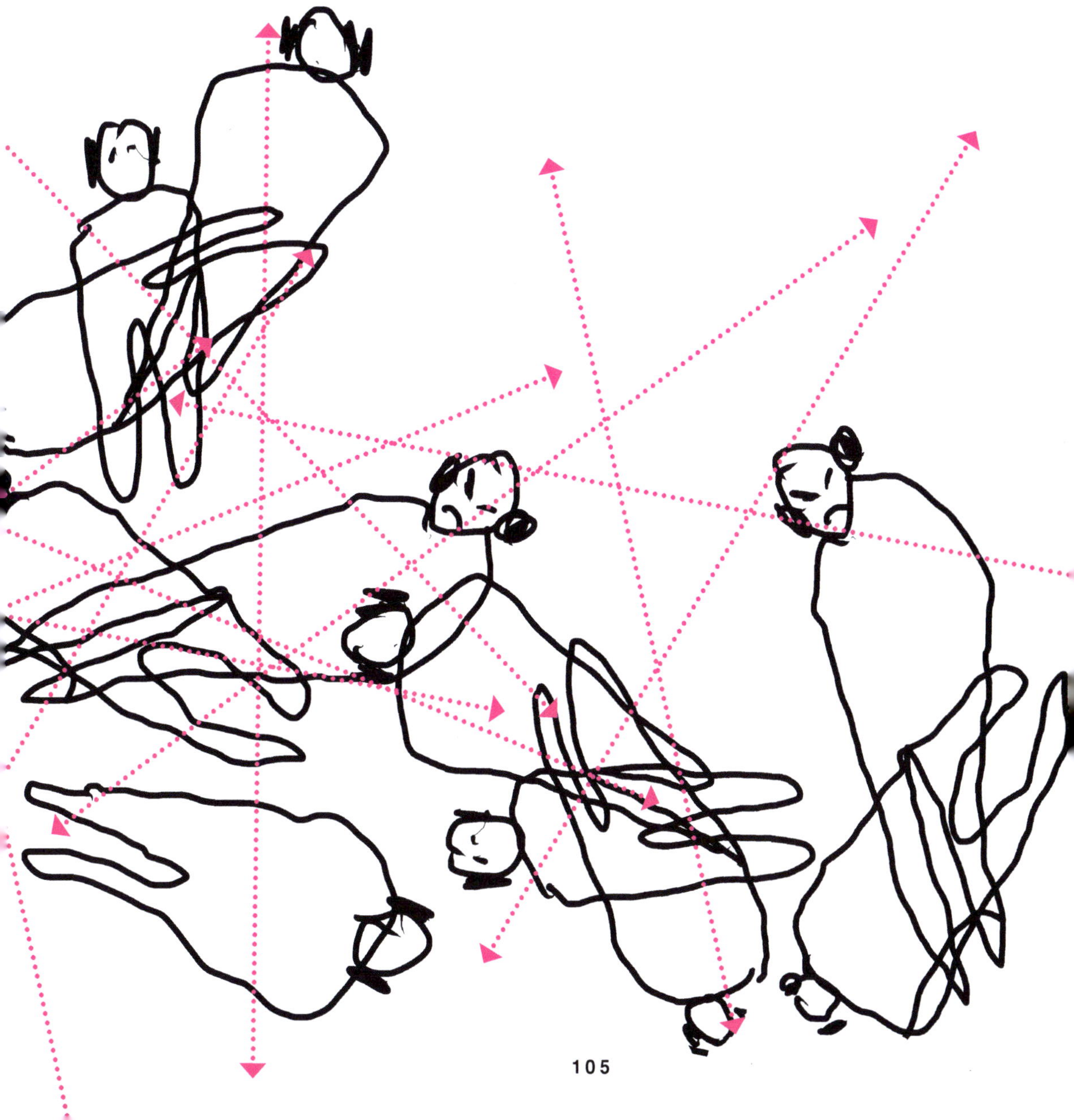

In bürokratischen Organisationen ist Hierarchie funktional. Nach Luhmann sorgt die Hierarchie für eine „Verholzung von Macht“. Diese „Verholzung von Macht“ ist in unruhigen, disruptiven Umwelten sehr kontraproduktiv, weil durch die Verfestigung von Macht in starren Formen Entscheidungsprozesse und Kommunikationswege fixiert und nicht mehr an tatsächliche Anforderungen angepasst werden. Eine Flexibilisierung des Unternehmens kann durch den Ausbau von Durchlässigkeit zwischen den Hierarchieebenen erreicht werden.

43. Gemeinsamer schöpferischer Dialog zur Steigerung der Durchlässigkeit

Diese Durchlässigkeit lässt sich jedoch nicht verordnen, sondern muss von Führungskräften und Geführten immer wieder erneut „hergestellt“ werden. Dafür braucht es gemeinsame ergebnisoffene Kommunikationsformate und die Fähigkeit zum schöpferischen Dialog – sowohl von der Führenden-, wie auch der Geführtenseite.

Luhmann, N. (1975): Macht. Stuttgart, Enke Verlag

44. Die Einsamkeit der Führungskräfte

Viel wurde schon über die Einsamkeit der Führungskräfte geschrieben, über die Herausforderung, alles mit sich allein ausmachen zu müssen, nicht offen mit Mitarbeitenden sprechen zu können.

Die Hierarchie wurde lange Zeit als das Steuerungsinstrument in Organisationen gesehen, um komplexe Entscheidungsprozesse miteinander zu verbinden. Anordnungen und Entscheidungen werden oben getroffen und nach unten weitergegeben, und Führungskräfte und Geführte akzeptieren diese Ordnung.

Allerdings zieht diese Akzeptanz ein Hierarchiedilemma nach sich. Führungskräfte stehen oft allein, wenn sie Sicherheit vermitteln und Entscheidungen treffen. Gleichzeitig sind sie doch hoch bedürftig nach Resonanz. Diese Einsamkeit und Bedürftigkeit sind überwindbar, sobald Führende und Geführte den Erfolg des Unternehmens als gemeinsames Gesamtkunstwerk sehen. Dazu müssen Führungskräfte das Mythos des „Helden“ oder der „Heldin“ und Geführte das Bild des „einfachen Soldaten“ verlassen.

Drittes Intermezzo: Resonanz

Sabine: Die Frage ist, ob es für dich als Führungskraft leichter wäre, wenn du zum Beispiel disziplinäre Entscheidungen, wie im Ernstfall eine Kündigung, treffen musst, NICHT in diese Resonanz zu gehen, also in die Unverfügbarkeit zu gehen. Ich glaube, das tun viele Führungskräfte. Ich merke das auch in Change-Prozessen, dass Führungskräfte oft rigider werden. Vielleicht, weil es dann leichter ist, auch unpopuläre Themen umzusetzen.

Ingo: Ich glaube, du verhältst dich ja nicht immer gleich in der Führungsposition. Oder?

Sabine: Ja, dem stimme ich zu..

Ingo: Sondern du änderst ja auch dein Verhalten. Wenn du einmal eben ein sehr gutes Verhältnis zu deinen Geführten aufgebaut hast und dann stehen unpopuläre Entscheidungen an, ist es natürlich doppelt schwierig. Und für die anderen auch. Du zerstörst mit dieser Entscheidung ein vielleicht über mehrere Jahre aufgebautes Verhältnis.

Sabine: Genau.

Ingo: Auf der anderen Seite ist aber genau ein solches Verhältnis sehr förderlich für Führung, glaube ich. Weil du eben nicht rigide sein musst.

Sabine: Nein. Du musst nicht rigide sein. Du kannst Dein Verhalten als Führungskraft wählen.

Ingo: Du musst auch nicht Kontrollmechanismen einführen, um wirklich zu sehen, ob sie wirklich arbeiten.

Sabine: Ja. Ich denke, dass es an und für sich hilfreich ist und auch diese Positive-Leadership-Zugänge bedingen, dass ich einmal so in Resonanz gehe.

Ingo: Aber auf der anderen Seite ist es auch gefährlich oder kann gefährlich werden.

Sabine: Ja, denn, sobald ich in Resonanz gehe, mache ich mich ja auch verletzlich. Und das immer wieder zu tun, also, auch wenn du in deinem Leben schon einmal Verletzungen erlebt hast, wenn du dich öffnest. Aber immer wieder neu in Beziehung zu gehen, immer wieder, in einer Führungsbeziehung, aber auch in privaten Beziehungen. Das bedeutet schon, dass du eigentlich eine mutige Persönlichkeit bist, dass du dich deiner Verletzlichkeit immer wieder aussetzt.

Ingo: Aber die Frage ist natürlich: Gibt es so was wie – ich sage mal – Grade von Resonanz, also mehr oder weniger Resonanz, wenn du in Beziehung gehst?

Wenn ich unsere Mitarbeitergespräche anschaue, die bisherigen, die ich hatte, mit meinen direkten Vorgesetzten, dann ist das so ein Standardfragebogen. Da wird abgefragt, dann wird irgendetwas eingetragen und dann ist es gut. Mein neuer Forschungsgruppenleiter – wir sind ja zu dritt in eine andere Forschungsgruppe gewechselt –, der hat gesagt: „Es gibt dort dieses Formular, aber das interessiert mich nicht. Mich interessiert, was du willst und was ich machen kann, damit du deine Arbeit gut machen kannst." Das ist für mich ein komplett anderer Zugang gewesen nach zwölf Jahren an dieser Uni.

Sabine: Schön, schön.

Ingo: Und das war ein anderes Gespräch. Das war ein komplett anderes Gespräch. Ich weiß nicht, ob ich dabei im Sinne von Affizierung dadurch angerufen worden oder berührt worden bin. Aber es war eine komplett andere Erfahrung und es war eine andere Beziehung, die wir zwei aufgebaut haben.

Sabine: Was war anders?

Ingo: Er hat nicht versucht, das Gespräch zu kontrollieren – anhand einer Liste von Punkten, die abgearbeitet werden müssen. Das Gespräch war ergebnisoffen, zeitoffen und es war eher vom Zuhören geprägt.

Sabine: Ich denke, es hat auch mit dem Fragen zu tun, welche Fragen gestellt werden. Und dann eben diese Bereitschaft, zuzuhören, wirklich zu hören, und in Resonanz im Gespräch weiterzugehen.

Ingo: Du hast Fragen, auf die geantwortet wird und du hörst zu. Du reagierst auf das, was der andere sagt. Eigentlich so, wie wir das jetzt machen. Aber die Frage ist: Kann so etwas wie eine komplette Resonanzbeziehung, eine VOLLSTÄNDIGE Resonanzbeziehung, entstehen, wie zum Beispiel eine Resonanzbeziehung im familiären Bereich oder mit meiner Partnerin oder mit irgendeinem Kunstwerk entsteht? Kann so eine Beziehung im beruflichen Kontext entstehen?

Sabine: Ich meine schon, dass eine Resonanzbeziehung entstehen KANN. Die Frage ist: Ist es im organisatorischen Kontext auch sinnvoll, dass so eine Beziehung entsteht? Oder reicht nicht eine Form von Halbverfügbarkeit oder Graduierung? Also ich persönlich glaube, dass jede Form von Resonanz ein Geschenk ist.

Ingo: Ja. Ja, genau.

Sabine: Resonanz ist ein Geschenk, denn ich kann sie nicht herstellen. Und wenn das mit Mitarbeitenden entsteht oder auch mit Kollegen oder eigenen Führungskräften, ist das etwas Besonderes.

Zum Schluss: Ich im Wir – inspirierende Führungsimpulse

Die Führungsarbeit ist herausfordernd, auch in disruptiven Zeiten müssen Entscheidungen getroffen werden und gute Mitarbeiterinnen und Mitarbeiter wissen, dass sie auch für andere Unternehmen interessant sind.

Wir erleben, dass es für Führungskräfte nicht einfach ist, in dieser so vielfältigen Erwartungslandschaft an sie, ihre Führungsrolle mit Klarheit und Gerichtetheit auszufüllen. Der Beziehungsaspekt kann uns dabei helfen, Führung besser zu verstehen und zu gestalten. Schon der Philosoph Martin Buber hat darüber geschrieben, dass wir dem Ich im Du begegnen. Wir sind „Herdentiere", wir brauchen andere Menschen zum Leben und zum Gesund-Bleiben. Und auch in Organisationen brauchen wir einander. Der Dialog, das Entstehen eines gemeinschaftlich Neuen in guten Gesprächen und Interaktionen ist die Basis für die Unternehmensentwicklung.

Wenn Führungskräfte an ihren Beziehungen zu den Geführten arbeiten und den Führungsprozess als einen gemeinsamen Prozess zwischen ihnen und ihren Mitarbeitenden erleben, kann alles andere möglich werden: Top-Ergebnisse, Bereitschaft zu Wandel und Innovation, Bereitschaft, Altes zu verlernen und vielleicht die Bereitschaft, sich als Unternehmen neu zu erfinden.

Die Beziehung ist sozusagen der Träger, die Brücke für alles andere.

In diesem Sinn kann man dieses Buch auch als Impuls sehen, sich selbst als Führungskraft nicht allzu wichtig zu nehmen und mit Demut, – natürlich auch mit Mut – an die Führungsaufgabe heranzugehen, im Bewusstsein, dass wir selbst nicht alles beeinflussen können und Teil einer verwobenen, komplexen Welt sind.

Dieses Buch ist auch aus einem Dialog in Graz entstanden und wir beide haben es genossen, unsere Zugänge zu Führung in kompakte lesbare Kurztexte zu verdichten. Es hat uns Spaß gemacht und es war spannend für uns, mit Tomislav Bobinec, dem Zeichner dieser Grafiken, in einen bildhaften Dialog zu unseren Führungstexten einzusteigen.

Beim Lesen dieses Buches wünschen wir Ihnen Nachdenklichkeit und Inspiration!

Sabine Pelzmann, Ingo Winkler
und Tomislav Bobinec

Weiterführende Literatur

Ancona, Deborah; Malone, Thomas W.; Orlikowski, Wanda J. und Senge, Peter M. (2007): In Praise of the Incomplete Leader. Harvard Business Review: https://hbr.org/2007/02/in-praise-of-the-incomplete-leader

Barton, Leon und Bruch, Heike (2021): Shared Leadership und hierarchische Führung: Wirkung auf Energie, Erfolg und Innovation. PERSONALquarterly, 73 (4), 9–15.

Collinson, David; Smolović Jones, Owain, und Grint, Keith (2018): „No More Heroes": Critical Perspectives on Leadership Romanticism. Organization Studies, 39(11), 1625–1647.

Eagly, Alice H. (2007): Female leadership advantage and disadvantage: Resolving the contradictions. Psychology of Women Quarterly, 31, 1–12.

Geißler, Harald und Sattelberger, Thomas (2003): Das Management wertvoller Beziehungen, Dr. Th.Gabler/GWC Fachverlag GmbH, Wiesbaden, 1. Auflage.

Gronn, Peter (2002): Distributed leadership as a unit of analysis. The Leadership Quarterly, 13(4), 423–451.

Hockling, Sabine (2012): Der gläserne Chef gewinnt. ZeitOnline: https://www.zeit.de/karriere/beruf/2012-07/chefsache-transparenz

Ibarra, Herminia; Hildebrand, Claudius A. und Vinck, Sabine (2023): The Leadership Odyssey. Harvard Business Review: https://hbr.org/2023/05/the-leadership-odyssey

Kaehler, Boris (2020): Komplementäre Führung, Springer Gabler, Wiesbaden, 3. Auflage.

Peters, Kim und Haslam, Alex (2018): To Be a Good Leader, Start By Being a Good Follower. Harvard Business Review:
https://hbr.org/2018/08/research-to-be-a-good-leader-start-by-being-a-good-follower

Rosa, Hartmut (2016): Resonanz. Eine Soziologie der Weltbeziehung, Suhrkamp, Berlin, 2. Auflage.

Rose, Nico (2016): Hört auf, den Menschen als Produktionsmittel zu betrachten! ZeitOnline: https://www.zeit.de/karriere/2016-11/human-resources-personaler-unternehmen-arbeitnehmer-feel-good-management

Scharmer, C. Otto (2009): Theory U. Leading from the Future as It Emerges, Berrett-Koehler Publishers, Inc., San Francisco.

Schein, Edgar H. (2006, 2009): Führung und Veränderungsmanagement. EHP – Verlag Andreas Kohlhage, Bergisch Gladbach.

Steinle, Claus (1978): Führung: Grundlagen, Prozesse und Modelle der Führung in der Unternehmung. Poeschel Verlag, Stuttgart.

Steuer, Ralf und Spies, Rainer (2023): Der Dirigent als CEO. Herausgeberinterview mit Boian Videnoff. Personalführung, Heft 02/2023, S. 46–51.

Tourish, Dennis (2014): Leadership, more or less? A processual, communication perspective on the role of agency in leadership theory. Leadership, 10(1), 79–98.

van Knippenberg, Daan und Sitkin, Sim B. (2013): A Critical Assessment of Charismatic—Transformational Leadership Research: Back to the Drawing Board?, The Academy of Management Annals, 7:1, 1–60.

Über die Autorin und die Autoren

Sabine Pelzmann, Dipl.-Ing., MSc, MBA: Unternehmensberaterin, Coach, Lehrsupervisorin (ÖVS) und Autorin.

Sie entwickelt und begleitet Corporate Leadershipprogramme und organisatorische Veränderungs- und Transformations prozesse nach den Prinzipien des Reflexiven Managements, der Integrativen und Systemischen Beratung.

Sie ist Lehrbeauftragte für Systemtheorie, Organisationsentwicklung und Leadership. Sie hat über 25 Jahre Beratungserfahrung in Expert:innen-, Verwaltungs- und Profitorganisationen.

Ingo Winkler, Dr. habil, assoziierter Professor: Organisationswissenschaftler an der University of Southern Denmark, Department of Business and Management. Seit 25 Jahren lehrt und forscht er zu den Themen Personalführung, Identität, organisationalen Veränderungen, alternativen Organisationskonzepten und Social Business.

In seiner Forschung und Lehre zum Thema ‚Personalführung' unterstreicht er den Beziehungsaspekt von Führung sowie den Umstand, dass die Führungsrealität in Organisationen immer das Ergebnis sozialer Interaktion ist. Er ist unter folgender Webseite erreichbar: https://portal.findresearcher.sdu.dk/en/persons/inw

Tomislav Bobinec, geboren in Zagreb/Kroatien, ist der Gründer des Studios „I Say no to Cheap Design" mit Sitz in Graz, Österreich. Er hat sich auf die Neugestaltung von Designprozessen, Corporate Design, Editorial Design, Typografie und Ausstellungsdesign spezialisiert.
Mit über 30 Jahren Erfahrung im Bereich Kommunikation ist er Dozent am Institut für Design & Kommunikation an der FH Joanneum, Hochschule für angewandte Wissenschaften in Graz, Österreich. Dort unterrichtet er im Bachelor-Studiengang „Informationsdesign" (Hauptfach Kommunikationsdesign) und im Master-Studiengang „Ausstellungsdesign" seit 2012.